OpenRoads Designer CONNECT Edition
应用教程

黑龙江省建设科创投资集团　主　编

人民交通出版社股份有限公司
北　京

内 容 提 要

本书是 OpenRoads Designer CONNECT Edition 初学者的操作指南。主要内容包括：OpenRoads Designer 基础知识，OpenRoads Designer 中地形、几何图形、廊道、土木单元的建模流程。借助本书，读者可以更好地了解 OpenRoads Designer，更快地创建模型，从而更高效地进行设计、建造和运营。

图书在版编目(CIP)数据

OpenRoads Designer CONNECT Edition 应用教程/黑龙江省建设科创投资集团主编. —北京：人民交通出版社股份有限公司，2020.6
ISBN 978-7-114-16450-7

Ⅰ.①O… Ⅱ.①黑… Ⅲ.①建筑设计—计算机辅助设计—应用软件—教材 Ⅳ.①TU201.4

中国版本图书馆 CIP 数据核字(2020)第 051256 号

OpenRoads Designer CONNECT Edition Yingyong Jiaocheng

书　　名：	OpenRoads Designer CONNECT Edition 应用教程
著 作 者：	黑龙江省建设科创投资集团
责任编辑：	朱明周
责任校对：	赵媛媛
责任印制：	张　凯
出版发行：	人民交通出版社股份有限公司
地　　址：	(100011)北京市朝阳区安定门外外馆斜街 3 号
网　　址：	http：//www.ccpress.com.cn
销售电话：	(010)59757973
总 经 销：	人民交通出版社股份有限公司发行部
经　　销：	各地新华书店
印　　刷：	北京鑫正大印刷有限公司
开　　本：	787×1092　1/16
印　　张：	5.75
字　　数：	127 千
版　　次：	2020 年 6 月　第 1 版
印　　次：	2020 年 6 月　第 1 次印刷
书　　号：	ISBN 978-7-114-16450-7
定　　价：	30.00 元

(有印刷、装订质量问题的图书由本公司负责调换)

《OpenRoads Designer CONNECT Edition 应用教程》编写组

主　　编：梁旭源　武士军　亓彦涛

副 主 编：姜忠军　叶　阳　刘景军

　　　　　王恩海　叶光伟

主　　审：马松林　陈　晨

编写成员：（按姓氏笔画排列）

　　　　　王奇伟　王腾先　王福忠

　　　　　刘　涛　刘　寒　孙立明

　　　　　李增华　张佳宁　陈　箭

　　　　　贺　丹　曹静华　董志平

　　　　　魏翰超　阚　蓉

前　　言

目前工程领域越来越多地采用先进的计算机技术对工程项目全生命周期进行三维可视化、信息化的规划、设计、建造和运维。同时，工程项目各参与方希望能够利用优秀的平台或系统对多专业进行统一而高效的协同工作。

BIM 技术的出现，帮助工程建设者通过三维可视化手段对建筑物或构筑物的几何空间信息与属性信息进行表达，为建设管理者在工程项目质量、进度、安全、成本等方面的管理提供准确而高效的可视化信息。

我们编写的《基础设施建设行业 BIM 系列丛书》和《基础设施行业职业教育 1＋X 系列丛书》，将面向众多工程专业技术人士，帮助用户在实际项目中提前进行项目土地规划、实现资源利用最大化，基于协同的设计平台，帮助工程技术人员实现快速迭代设计，提高设计成果格式统一性，进而能够在项目施工阶段完全实现建筑信息模型技术的应用，最终实现数字化运维，为项目运维方带来最直接的经济价值。

为了帮助初学者快速入门，我们计划编写的《基础设施建设行业 BIM 系列丛书》，包括《OpenRoads Designer CONNECT Edition 应用教程》《OpenBuildings Designer CONNECT Edition 应用教程》《OpenBridge Modeler CONNECT Edition 应用教程》《OpenPlant Modeler CONNECT Edition 应用教程》《Prostructures CONNECT Edition 应用教程》《ProjectWise CONNECT Edition 应用教程》等，本书即是该丛书中的一本。

OpenRoads Designer 作为国际上优秀的公路工程三维设计软件，将为公路行业 BIM 技术发展和应用提供有效的解决方案。本书在编写过程中重点介绍了该软件的功能特点和应用过程中的使用注意事项，为读者提供一个完整的公路工程三维设计操作流程。

本书的编写离不开黑龙江省建设科创投资有限公司领导的支持与同事的帮助。对 Bentley 公司工程师和哈尔滨工业大学教授的审核，在此一并表示感谢。

编　者
2020 年 2 月 28 日

目 录

第1章 OpenRoads Designer 基础知识 ················· 1
1.1 基本介绍 ················· 1
1.2 界面 ················· 1
1.3 基础知识 ················· 4
1.4 文件按钮设置 ················· 7
1.5 【主页】功能区 ················· 10

第2章 地形 ················· 14
2.1 地形概述 ················· 14
2.2 地形设计 ················· 19
2.3 地形编辑 ················· 34
2.4 地形分析 ················· 35

第3章 几何图形 ················· 36
3.1 几何图形工具概述 ················· 36
3.2 通用工具 ················· 36
3.3 平面设计 ················· 38
3.4 纵断面设计 ················· 45

第4章 廊道 ················· 52
4.1 廊道概述 ················· 52
4.2 创建廊道 ················· 52
4.3 编辑廊道 ················· 65

第5章 土木单元 ················· 67
5.1 土木单元概述 ················· 67
5.2 土木单元工具 ················· 67
5.3 土木单元和特征定义 ················· 68
5.4 创建土木单元 ················· 68

第1章 OpenRoads Designer 基础知识

1.1 基本介绍

OpenRoads Designer 是一个功能齐全的用于勘测、排水、地下公用设施和道路设计等领域的详细设计应用程序。OpenRoads Designer 引入全新的综合建模环境，提供以施工驱动的工程设计，有助于加快路网项目交付，统一从概念到竣工的设计和施工过程。该软件适合从事道路、桥梁、隧道、市政、水工等线性工程的工程技术人员使用，对设计人员、施工人员、路桥隧养护人员具有较高的应用价值。

本书的写作基于 OpenRoads Designer CONNECT Edition 10.04.00.48。OpenRoads Designer CONNECT Edition 对计算机系统及硬件的主要要求见表 1.1-1。

OpenRoads Designer CONNECT Edition 软硬件需求 表 1.1-1

项目	说明
操作系统	Windows 10(64 位)、Windows 8 和 8.1(64 位)、Windows 7(64 位)。 注：Windows 7 操作系统仅在安装了相应的 Service Pack(SP1) 后才受支持。Bentley 软件不支持在 Microsoft 已停止支持的操作系统版本上运行
处理器	Intel® 或 AMD® 处理器(1.0GHz 或更高)。OpenRoads Designer 不支持在装有不支持 SSE2 的处理器的计算机上使用
内存	最低 8GB，建议 16GB(内存越大，性能越强，这一点在处理较大模型时尤为明显)
硬盘	9GB 可用磁盘空间(其中包含完全安装所需占用的 5.6GB 空间)
视频	请向显卡制造商咨询有关 DirectX 驱动程序的最新信息。建议提供 1024MB 或更高的 RAM(显存)。如果不具备足够的 RAM 或找不到支持 DirectX 的显卡，OpenRoads Designer 将尝试使用软件模拟。为了达到最佳性能，图形显示颜色深度应设置为 24 位或更高。当使用 16 位的颜色深度设置时，会出现一些不一致的情况
屏幕分辨率	1600×1200 像素或更高
Access 64 位引擎	要连接到 Access 数据库，必须下载并安装 Microsoft Access Database Engine 2010 Redistributable。访问 gINT 项目和导入 InRoads 排水文件功能需要该组件

1.2 界面

当用户从【快速访问工具栏】中选择【OpenRoads 建模】或【OpenRoads 绘图制作】时，将出现 OpenRoads Designer 工作流选项卡。选项卡、工具组和工具按工作流从左到右排列。

1.2.1 功能区分布

OpenRoads Designer 的功能区如图 1.2-1 所示，图中各部分的介绍如下：

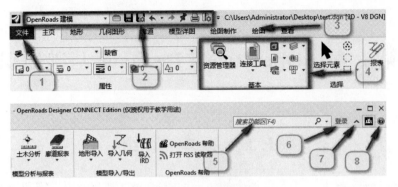

图 1.2-1 功能区分布

①【文件】按钮：点击之后将打开后台视图，可以在其中执行文件管理及设置、导入和导出文件、访问帮助等操作。要快速从后台视图返回视图窗口，可单击【文件】按钮，或按 <Esc> 键。

②【快速访问工具栏】：包含选择工作流和其他常用命令。

③【选项卡】：功能区的顶部是一系列选项卡，其中包含成组的相关工具。当在【快速访问工具栏】中切换不同工作流时，将加载对应的功能区。

④【组】：一组紧密相关的命令或工具。

⑤【搜索】框：可在框中输入要搜索的工具或命令。

⑥【登录】：Connect 用户登录时显示。

⑦【最小化功能区】：单击可最小化功能区。

⑧【帮助】按钮：单击可访问帮助文档。

功能区部分图标下方显示扩展符号，表明其下包含一组工具。点击扩展符号后，在下拉列表的左侧会显示工具的图标。如果从下拉列表中选择任何其他工具，所选工具将替换现有工具，如图 1.2-2 所示。

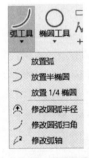

图 1.2-2 点击下拉列表选择工具

将指针定位到功能区的工具图标和对话框启动程序等上，将弹出工具提示，提示工具名称和其作用，如图 1.2-3 所示。

图 1.2-3 【弧工具】提示

右键单击组,将列出组中的可用工具。组中当前显示的工具左侧会有一个"√"标记。可以通过点击"√"来显示或隐藏工具。如果组包含下拉按钮,则下拉按钮中的工具将作为子菜单列在弹出菜单中,还可以在这些子菜单中显示或隐藏工具,如图 1.2-4 所示。

图 1.2-4　子命令

1.2.2　快速访问工具栏

【快速访问工具栏】包含工作流下拉列表和其他常用命令。默认情况下包含的工作流见表 1.2-1。

工 作 流 及 描 述　　　　　　　　　　　表 1.2-1

工作流	描　　述
OpenRoads 建模	提供最基础的土木模型创建工具,包括地形模型创建、道路线形设计、横断面创建、廊道创建、土木单元创建等
OpenRoads 绘图制作	包含 OpenRoads Designer 绘图制作工具以及绘图和注释工具
测量	用于测量和分析模型、地形、土木几何等的工具
地理技术	访问 gINT 土木工具,这是 gINT 的一个附加组件,可以将 gINT 数据库中的数据放到 CAD 环境中进行高级浏览和分析、利用 gINT 数据创建地质模型
实景建模	提供在点云和实景网格上执行各种操作的工具。Bentley Descartes 工具可以在实景建模工作流中找到
绘图	显示绘图和注释工具,并用于所有常见功能,如放置线、连接参考以及放置注释等功能,这些往往被视为制图操作
建模	提供面和实体建模工具,用于创建表面、实体、网格和参数特征等
可视化	提供可视化工具,用于生成效果图、应用材料、设置相机视图和照明
地下公共设施	使用地下设施设计和分析(SUDA)工具,为设计师提供地下设施建模功能,以便进行规划、制订设计决策等

1.3 基础知识

1.3.1 操作提示

使用任何土木工具时,屏幕上都会提示每个元素所需的输入内容。例如,在两点之间画一条线,第一个提示是输入这条线的起始点,它会显示在光标旁边(图1.3-1)。

图 1.3-1　提示输入起点

第二个提示是输入这条线的终点,同样显示在光标旁边(图1.3-2)。

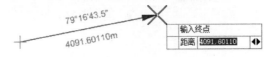

图 1.3-2　提示输入终点

此外,在创建元素时也会显示动态提示,这种方式能时刻对用户操作进行明确的提示。在创建元素时提供这些动态信息,有助于用户在更短的时间内做出更好的设计决策。例如,应用【按点创建弧】工具时会出现动态提示,显示圆弧半径、弧长和中心点等信息(图1.3-3)。

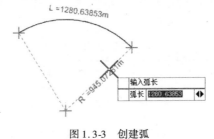

图 1.3-3　创建弧

1.3.2 修改元素

当选择由土木几何图形工具创建的任何元素后,将动态显示某些操控器。这些操控器因元素类型而异。例如,创建两点间直线时的操控器如图1.3-4所示。

图 1.3-4　两点间直线

①文本提示:可以单击文本使其可编辑,在这里可以输入新值。例如可以点击图1.3-4中的角度和距离,输入新值。

②箭头手柄:用来重新定义一个或多个方向。如图1.3-4所示,与直线平行的箭头用于改变长度,垂直于直线的箭头用于改变方向。

③圆形手柄:拖动圆形手柄可以不受约束地移动点。如图1.3-4所示,拖动两端的圆形手

柄可以改变直线端点位置,拖动中间的圆形手柄可以整体改变直线位置。

④属性:属性的工作原理类似于操作器,它们都会显示设计意图和数据的规则。元素信息中的【属性】对话框用于显示创建元素的数据。可以编辑【属性】对话框中的大多数数据,以此更改元素定义。如图1.3-5和图1.3-6所示,可以改变【属性】对话框中的数值以改变直线空间几何位置。

图1.3-5　属性值

图1.3-6　【属性】对话框

1.3.3　土木消息中心

【土木消息中心】提供了对可能影响设计过程的各种问题的反馈,例如违反结构和设计标准的错误。可以通过以下途径打开此工具:【工具栏】→【几何】→【通用工具】→【标准】。【土木消息中心】可以浮动,也可以停靠和固定。【土木消息中心】(图1.3-7)有4个按钮:

图1.3-7　土木消息中心

①【MicroStation】:复制MicroStation在其自己的消息中心显示的所有消息。
②【错误】:显示在需要注意的土木工具中发现的严重问题。
③【警告】:显示应该查看的不太严重的错误。

④【消息】：显示关于土木工具的信息。

可以通过单击不同的按钮来显示（或隐藏）消息类型。在图 1.3-7 中，【MicroStation】和【警告】显示，而【错误】和【消息】被隐藏。在最左侧有一个【全部隐藏】按钮，可以点击以隐藏全部消息。除 MicroStation 消息外，【土木消息中心】中显示的消息都伴有图标，以指示问题的位置。将鼠标悬停在符号上，可以弹出问题的摘要，如图 1.3-8 所示。右键单击消息中心某一消息时会弹出【缩放至】（图 1.3-9），如果点击，视图会自动改变，将问题缩放到屏幕中心处。当有多个消息在项目中显示时，这一功能是很有帮助的。

图 1.3-8　超限提醒

图 1.3-9　显示错误位置

1.3.4　自定义对话框

自定义对话框的用途是确定在光标处提供的提示。例如，选择【插入直＋缓＋圆＋缓＋直曲线】命令时，会弹出相应对话框，如图 1.3-10 所示，勾选【后偏移】和【前偏移】后，在光标提示栏中可以自定义输入相应的数值。

图 1.3-10　插入直＋缓＋圆＋缓＋直曲线

在此对话框下,用户可以自定义对话框中常用数值,并将自定义好的对话框条目保存到DGN库中。例如,如图1.3-11所示,点击【两点间弧】命令,在弹出的对话框中任意一行数值中单击鼠标右键,选择右键菜单中的【自定义】,此时弹出【自定义两点间弧】对话框,如图1.3-12所示。

图1.3-11　两点间弧

图1.3-12　自定义两点间弧

例如,用户可能经常需要创建两种不同的常用数值,一种半径为40m,另一种半径为50m。自定义选择50m半径时,只需要将【自定义两点间弧】中【半径值】改为50m,并在前面打钩,点击【保存】按钮。再次使用该命令时,【半径值】会自动变为50m。单击【自定义两点间弧】对话框上的【另存为】按钮,可以将自定义对话框保存到DGN库中。还可以在【自定义两点间弧】对话框中使用自定义名称创建另一个半径为40m的自定义工具。之后,在DGNLib的任务导航器中的自定义CulDeSac组,可以选择40m半径或50m半径。

1.4　文件按钮设置

1.4.1　首选项

【首选项】主要用来对OpenRoads Designer的操作方式进行设置。【首选项】与【设计文件】无关,不能保存在设计文件中。但是,当对【首选项】进行设置并单击【确认】按钮时,它们保存在 MS_USERPREF 配置变量所指向的用户首选项文件中。可以从以下路径进入【首选项】设置对话框：【文件】→【设置】→【用户】→【首选项】。在【首选项】中包含很多类别，例如：【鼠标滚轮】、【输入】、【语言】、【视图选项】等。在每个类别中,【首选项】对话框右侧都会给出更具体的设置选项,用户可以根据实际项目需求对相关操作进行设置。下面介绍常用的设置项。

①【输入】：在这里可以勾选【ESC 退出命令】，方便用户快速结束当前命令，如图 1.4-1 所示。

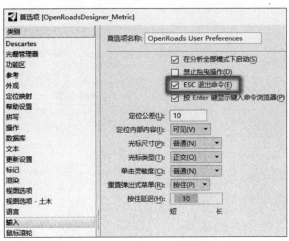

图 1.4-1　ESC 退出命令

②【视图选项】：在【视图选项】中可以对设计背景、绘图背景、图纸背景、元素高亮显示、选择集等的颜色进行设定，目的是增强设计过程中模型和视图的表现力，如图 1.4-2 所示。

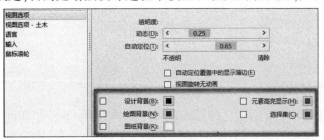

图 1.4-2　设置视图颜色

③【操作】：在【操作】设置中，勾选【退出时保存设置】，点击【确定】按钮（图 1.4-3）。当退出软件后重新打开软件时，系统会自动恢复上次操作过程中对系统的设置。

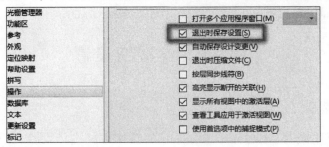

图 1.4-3　退出时保存设置

1.4.2 设计文件设置

【设计文件设置】用于更改特定设计文件的设置。用户可以从以下路径进入这个对话框：【文件】→【设置】→【文件】→【设计文件设置】。

【土木格式设置】为设计文件中的土木注释的设置提供选项，如图1.4-4所示。

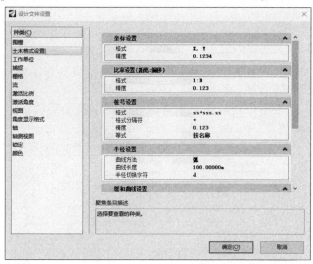

图1.4-4　土木格式设置

①【坐标设置】

【坐标设置】用于控制坐标在土木对话框中的格式和精度。此外，该设置还控制如何显示输入的坐标。例如，如果设置为"X,Y"，那么所有坐标都将以"X,Y"格式显示；如果设置为"向北,向东"，则同样适用，如图1.4-5所示。

图1.4-5　坐标设置

②【比率设置(距离:偏移)】

【比率设置(距离:偏移)】控制土木对话框中比率的显示和精度。此外，该设置可控制如何解释输入的比率。例如，如果设置为"1:D"，那么所有的比率都将以这种格式显示(1:100、1:50等)，如果设置为"D:1"，那么这些比率将以类似的方式显示(5:1、10:1等)，如图1.4-6所示。

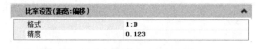

图1.4-6　比率设置

③【桩号设置】

【桩号设置】控制土木对话框中使用和显示的桩号值的格式、分隔符和精度。有两个选项可以控制如何在桩号值中表示等式：

- 【按名称】：由桩号前面的用户定义字符表示(如A100+00、B105+00等)。

- 【按索引】:桩号公式由附加到桩号设置的硬编码数值表示(数字从1开始,按升序排列,如100+00R1、105+00R2等),如图1.4-7所示。

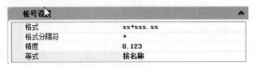

图1.4-7 桩号设置

④【半径设置】

【曲线方法】:包括【弧】和【弦】。

【曲线长度】:创建曲线的标准长度,如100m。

【半径切换字符】:允许用户指定在土木对话框中使用哪个字符在定义半径和定义曲线之间进行切换,如图1.4-8所示。

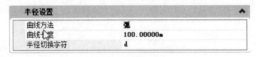

图1.4-8 半径设置

⑤【纵断面设置】

【纵断面设置】部分较为重要的是【竖曲线参数格式】设置(图1.4-9),国内一般设置为"R值",但也有设置为"K值"的情况。"R值"表示的是以米为单位的半径值,K值是R值的100倍,所以这里要格外注意。

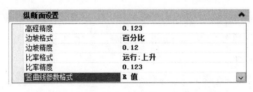

图1.4-9 纵断面设置

1.5 【主页】功能区

1.5.1 【属性】组

【属性】组包含用于设置活动元素属性的控件(图1.5-1),各控件的描述见表1.5-1。

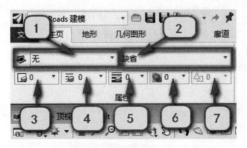

图1.5-1 【属性】组

【属性】组各控件的功能　　　　　　　　　　　　　　　　　　　　表 1.5-1

序号	名称	描述
1	元素模板	打开【元素模板】下拉框以设置活动元素模板,并使用【元素模板】对话框管理元素模板
2	层	打开【层】下拉菜单,以设置激活层、层管理、层显示
3	颜色	打开【颜色下拉框】以设置激活颜色,并更改所选元素的颜色
4	线型	打开【线型】下拉菜单,将激活的线型设置为所选的线型
5	线宽	打开【线宽】下拉菜单,将激活的线宽设置为所选的线宽
6	透明度	打开【透明度】下拉框以设置活动元素透明度
7	优先权	打开【优先级】下拉框以设置活动元素的优先级(仅适用于2维模型),这将确定元素相对于其他元素的显示方式
8	元素类别	在【属性】空白处点击鼠标右键,勾选【元素类别】选项,会出现【元素类别】图标。打开【元素类别】下拉菜单,在放置时设置元素的激活类(基本或构造)

1.5.2 【基本】组

(1)【资源管理器】

【资源管理器】(图标为) 允许用户管理和控制项目或模型内容。它是一个独立的面板,为文件、模型、项、图纸索引和标准等提供浏览功能(图 1.5-2)。【资源管理器】中各选项卡的描述见表 1.5-2。

图 1.5-2　【资源管理器】面板

【资源管理器】各选项卡功能　　　　　　　　　　　　　　　　　表 1.5-2

图标	名称	描述
	文件	用于浏览和管理文件内容,如模型、引用、保存的视图、级别、样式、模板等
	条目	在 DGN 文件中按层次顺序显示非图形化的业务数据
	OpenRoads 模型	显示在当前模型中的所有土木设计元素,可以通过本选项卡查询整个文件中的对象和属性信息
	图纸索引	管理图纸索引。图纸索引是从一个或多个设计文件中组织和命名的图纸模型集合
	OpenRoads 标准	用于创建、编辑或审查水平和垂直几何设计标准、特征信息、土木单元格、注释和图形过滤器

(2)【连接工具】

【连接工具】(图标为 ▤)包括【参考】、【光栅管理器】、【点云】、【实景网格】四个命令(图 1.5-3)。【连接工具】为用户在不同专业、不同数据模型之间的协同工作提供了方便,在不同设计阶段,利用不同数据源进行上下游专业的打通与配合,其功能见表 1.5-3。

图 1.5-3 【连接工具】下拉按钮

各种连接工具的功能 表 1.5-3

图标	名称	描述
	参考	使用【参考】功能可以引入不同数据成果,在参考的数据基础上进行再编辑
	光栅管理器	与【参考】功能类似,通过【光栅管理器】可以连接和管理光栅类型数据
	点云	引入和管理点云数据
	实景网格	引入和管理实景三维模型

(3)【模型】

【模型】工具(图标为 ▢)用于创建、管理打开的 DGN 文件中的模型,以及在这些模型之间切换。

(4)【层显示】与【层管理器】

【层显示】(图标为 ▤)用于打开和关闭模型中的层。【层管理器】(图标为 ▤)用于控制打开的 DGN/DWG 文件、连接的参考文件或模型的层显示和层线符。

(5)【属性】

【属性】(图标为 ▤)用于检查或修改元素的属性,例如元素的几何图形。【属性】对话框可显示任意选择项的属性,并整合了统一选择功能。选择树将关联的元素、命名组、项和元素的其他数据等详细信息显示为子节点。此外,该对话框中还集成了表(显示行、列、单元等)、参数化元素(可以展开并编辑约束和特征)等。

(6)【详细】

【详细】(图标为 ▤)用于在绘图过程中激活辅助绘图功能,详见表 1.5-4。

【详细】工具功能描述表　　　　　　　　　　　　　　　　　　　表 1.5-4

图标	名称	描述
	键入命令	用于浏览、构造和输入命令
	开关精确绘图	打开/关闭精确绘图以及控制精确绘图窗口的显示,以方便输入数据点
	辅助坐标	用于创建、复制、删除或导入辅助坐标系(ACS)并选择 ACS 工具
	保存视图	用于创建、更新、应用、导入和删除保存的视图以及编辑保存的视图的属性,允许快速应用具有特定特性的视图
	单元	用于连接单元库并激活不同类型的单元
	标注	用于查看在 Bentley Navigator 中的覆盖文件中所做的标注。标注可以是注释文本、徒手进行的红线修订以及特定区域的高亮显示
	细节	用于显示与在【资源管理器】任意选项卡中选择的内容相关的信息
	窗口列表	用于显示与在【资源管理器】的任意选项卡中选择的内容相关的信息

1.5.3 【选择】组

【选择】工具组主要是为了方便用户选择元素过程中通过特定方式灵活地选择目标元素,详见表 1.5-5。

【选择】工具功能描述表　　　　　　　　　　　　　　　　　　　表 1.5-5

图标	名称	描述
	选择元素	用于选择和取消选择要修改或操作的元素。一组选定的元素称为选择集
	全选	选择设计中的所有元素
	取消选择	取消选择设计中的所有元素
	放置围栅	用于放置围栅
	修改围栅	用于移动围栅或修改它的一个顶点
	操作围栅内容	用于移动、复制、旋转、镜像、缩放或拉伸围栅内容
	删除围栅内容	用于删除围栅内容
	打散围栅内容	用于将围栅中的内容打散为组件
	将围栅保存到文件	用于将激活围栅的内容复制或移动到新的 DGN 或 DWG 文件
	命名边界	用于管理命名边界和命名边界组

第2章 地　　形

2.1　地形概述

地形模型是由一系列带有平面和高程信息的点通过数学计算而形成的一组空间三角形表面。模型用于定义不规则高程的表面,特别是地球表面,但也可用于被设计的表面、地下土层等。地形模型也称为数字地形模型(DTM)、不规则三角形网络(TIN)或三角形表面。

OpenRoads Designer 地形模型工具支持导入和标记地形轮廓和地形模型上的点。可以导入DGN 格式的地形模型来使用其数据。OpenRoads Designer 支持从 LandXML 文件格式导入的地形模型。然而,任何操纵或通过其他软件导入地形模型的操作都必须在 OpenRoads Designer 中完成。

OpenRoads Designer 提供了一组创建、编辑、分析和使用地形模型的工具。作为统一的数据格式,地形模型在 MicroStation CE 中也是可被识别的。当选择地形模型时,【元素选择】工具中的【元素类型】选项卡会显示它是"地形"元素类型。

2.1.1　地形模型和元素模板

地形模型属性的显示可以通过使用元素模板来控制。一旦创建了具有所需属性的元素模板,就可以将其应用于任何地形模型。

步骤1:使用【元素选择】工具选择地形模型,即选中地形模型,如图 2.1-1 所示。

图 2.1-1　选中地形模型

步骤2:在【主页】选项卡【基本】组中,选择【属性】,如图 2.1-2 所示。

图 2.1-2　属性工具

步骤3：此时，地形的【属性】对话框打开。在【常规】选项卡上单击【模板】右侧的下拉按钮并选择一个元素模板。例如选择"Existing_Triangles"，如图 2.1-3 所示。这时，所选元素模板的属性就会被应用于地形模型。

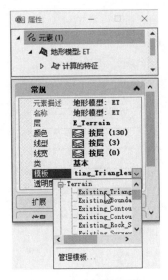

图 2.1-3　地形模板属性

2.1.2　参考地形模型

不同工作角色的人可能希望看到地形模型以不同的方式显示。例如，道路平面设计师可能需要看到地形的三角网，而排水设计师可能只需要看到地形模型的轮廓。通常，最好不要在不同的地方复制地形模型，而是由不同专业的工程师共用同一个地形模型并将其引用到其他 DGN 文件中。

当含有地形模型的 DGN 文件被参考到另一个 DGN 文件中时，可以设置地形模型在另一个文件中以不同的方式显示。这样，不同专业的工程师可以根据各自目的而自行设置地形模型的显示样式，不需要更改原始 DGN 文件中的地形模型显示。

参考地形模型的步骤如下：

步骤1：点击【参考】，如图 2.1-4 所示。

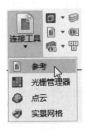

图 2.1-4　【参考】工具

步骤2：在弹出的【参考】对话框中点击【连接参考】，如图 2.1-5 所示。

步骤3：选择要参考的地形文件"参考地形.dgn"，如图 2.1-6 所示。

OpenRoads Designer CONNECT Edition 应用教程

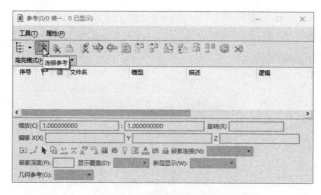

图 2.1-5　连接参考

图 2.1-6　选中地形文件

步骤 4：在弹出的【参考地形.dgn 的参考连接设置属性】对话框中点击【确定】，如图 2.1-7 所示。这时，具有地形模型的 DGN 文件就被参考进来了。

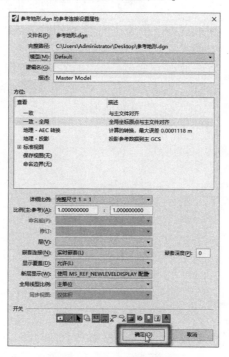

图 2.1-7　确定参考地形文件

步骤 5：选中地形模型，打开【属性】对话框，打开【参考】选项卡，将【替代线符】改为【是】，如图 2.1-8 所示。

图 2.1-8　更改替代线符

步骤 6：根据用户需求，可以在【计算的特征显示】或【源特征显示】选项卡中修改相应的显示规则（如果替代线符为【否】，这两处均显示为灰色，无法更改）。例如，将【计算的特征显示】中的【三角网】关闭，参考的地形模型就会以轮廓线的方式显示，如图 2.1-9 所示。

图 2.1-9　关闭三角网

2.1.3 地形的特征类型

地形模型工具都使用了特征类型的概念,见表 2.1-1。

各种特征类型的含义 表 2.1-1

特征类型	描 述
断裂线	用来指定线性特征(如路面的边缘、沟底、山脊等,在那里发生了坡度变化)。任何具有高程信息的元素都可以被定义为断裂线。三角网不会在地形模型中跨越断裂线
等高线	同一高程的元素或一组元素。等高线可以作为生成地形模型的源数据,也可以计算(基于地形模型绘制)。等高线间距是两个相邻等高线之间的高差
孔	一种由封闭形状定义的区域。它划分了一个区域,该区域不显示当前地形但是却利用了底层地形
边界	地形表面的外边界
排空	一个封闭的形状所定义的区域,用来划分数据丢失或模糊的区域。没有使用位于空洞区域内的点或断点数据,也没有在空洞区域内创建三角形。在三角剖分中包含空坐标,并将连续空坐标之间的空线作为悬垂线插入曲面。因此,它们不会改变地表的坡度或海拔
覆盖孔隙	由闭合形状定义的范围,用于标出缺少数据或遮挡范围的区域。不使用空区范围中的点或打断数据,也不会在空区范围内创建三角形。在垂投空区中,空区坐标不包含在三角网中,空区坐标和孔隙线投影到地形模型表面上。尽管用户必须为垂投空区顶点提供高程,但用户高程将更改为地形模型表面在 XY 垂投空区坐标位置的高程
覆盖边界	通过覆盖在下垫面上来确定其高度的表面边界
岛	一个封闭的形状所定义的区域,它将数据的一个区域完全限定在一个空间内。例如,位于河流、湖泊等中间的岛屿
软断裂线	软断裂线属于断裂线的另外一种表现形式。与断裂线的区别在于:如果软断裂线穿过断裂线,则不会影响三角网划分,会被忽略
打断孔隙	一个封闭的形状所定义的区域,用来划分数据丢失或模糊的区域。没有使用位于空洞区域内的点或断点数据,也没有在空洞区域内创建三角形。与孔和悬垂空洞的不同之处在于:打断孔隙利用图形元素的顶点高程,而连续空洞坐标之间的空洞线被插入为断开线。因此,破洞改变了地表的坡度和高程

2.1.4 边界方法

一些地形模型工具使用了三角网选项中特定的边界方法。有些地形模型中,位于外边缘的三角形又细又窄,不能代表曲面。消除这些三角形的一种方法是使用边界方法,主要有"删除裂片"和"最大三角网长度",详见表 2.1-2。

不同边界方法与描述 表 2.1-2

边界方法	描 述
无	不删除外部三角形(注意:忽略了最大三角形长度,用户无须设置三角形长度参数)
删除裂片	长而细的三角形是根据软件中硬编码的公式分解的(注意:忽略了最大三角形长度,用户无须设置三角形长度参数)
最大三角网长度	删除外部边缘长度大于用户指定距离的外部三角形(注意:该选项不适用于内部三角形,只适用于模型边缘的三角形,以主单元指定最大三角形长度)

2.1.5 属性

选择地形模型后,鼠标停留在地形模型上不动,此时鼠标右侧会弹出透明的选项栏,可以快速查看地形模型的属性,如图 2.1-10 所示。

图 2.1-10　选项栏

选择选项栏中的【属性】,单击鼠标左键,弹出地形模型的【属性快速查看窗口】,如图 2.1-11 所示。这是关闭和打开特性显示的一种方便方法。在这里,用户既可以更改边界方法,也可以更改特征名称或特征定义。

图 2.1-11　属性快速查看窗口

2.2　地　形　设　计

地形模型创建工具包含从文件、图形过滤器、元素、ASCII 文件、点云、LandXML 和各种 Bentley 土木产品导入地形模型的工具,还有支持将两个或多个模型合并在一起的工具以及裁剪模型工具等。

地形模型可以从各种源数据创建。每种数据类型都有不同的输入方法和要求,但是不同的创建工具中有许多选项是相同的。创建地形模型的工具通常使用了两个共性的概念:地理坐标系和过滤器。

2.2.1 从文件创建地形

步骤1：点击【地形】功能区中的【从文件】，如图2.2-1所示。

图2.2-1 【从文件】创建地形命令

步骤2：弹出【选择要导入的文件】对话框，如图2.2-2所示。OpenRoads Designer能够识别并创建的数据格式有dtm、XML、tin、xyz等，见图2.2-3。

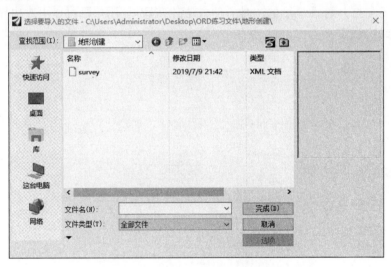

图2.2-2 选择导入文件

图2.2-3 支持的文件格式

步骤3：选择"survey"文件，点击【完成】，弹出【导入地形模型】对话框，如图2.2-4所示。【地形模型】中的选项主要用于不同阶段测量数据分批导入时使用。【过滤器】中的单位主要与导入数据的文件单位有关，一般都是默认的米制单位。【特征定义】选项用来设置生成的地形模型带有何种特征，不同特征定义会对地形模型的显示效果造成影响。【三角网选项】的用法详见2.1.4节。【地理坐标系】的【来源】如果默认为【无】，则创建出来的地形模型只存在于OpenRoads Designer的世界坐标系中，不具备真实地理空间的大地坐标系。

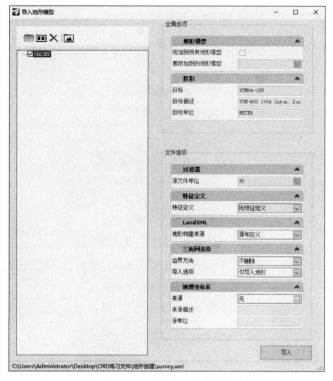

图 2.2-4 【导入地形模型】对话框

步骤 4：点击【导入】，经过计算后，会显示"导入完成"，如图 2.2-5 所示。

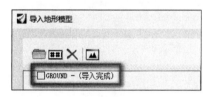

图 2.2-5 提示导入完成

步骤 5：点击对话框中的【全景视图】按钮，创建的地形模型就会显示在视图中，如图 2.2-6 所示。

图 2.2-6 点击【全景视图】按钮

2.2.2 从 ASCⅡ 文件创建地形模型

步骤1：点击【地形】功能区中的【其他方法】，选择下拉列表中的【从 ASCⅡ 文件创建地形模型】工具，如图 2.2-7 所示。

图 2.2-7 【从 ASCⅡ 文件创建地形模型】命令

步骤2：弹出的对话框与图 2.2-2 相同，选择"SPOTS.txt"文件，点击【完成】，如图 2.2-8 所示。

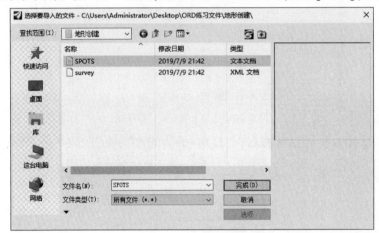

图 2.2-8 选择文件

步骤3：此时会弹出【从 ASCⅡ 文件创建地形模型】对话框，与图 2.2-4 操作类似，但是该对话框增加了【文本导入向导】的内容，如图 2.2-9 所示。因为 SPOTS 的数据格式为文本格式，该格式的文件一般通过测量手段获取，OpenRoads Designer 本身不能识别该格式，需要先将 txt 格式的文件转化为某种中间过渡格式，例如 XML 或 dgn 格式，OpenRoads Designer 才可以识别并用其生成地形模型。

步骤4：在点击【导入】之前，需要对 SPOTS.txt 中的数据进行一定的设置，主要是因为测量数据为非标准（非标准是指 OpenRoads Designer 不能直接识别，需要间接转换后才能识别）数据，无法在 OpenRoads Designer 中直接用于计算，甚至会产生错误。通过对 SPOTS.txt 中的数据进行设置，可以更加清晰地识别有效数据，以提高计算准确性。点击【编辑当前选定的文本导入设置文件】按钮，如图 2.2-9 所示，弹出相应对话框。

在显示的数据中，只有矩形框中的内容是真正需要的（图 2.2-10），用户需要将其余的数据排除掉。在【文件格式】选项卡中，将【要导入的第一行】由"1"改为"4"，即直接读取第 4 行的坐标数据。

图 2.2-9　【编辑当前选定的文本导入设置文件】按钮

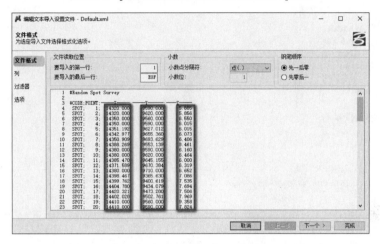

图 2.2-10　选择有效的点坐标数据

切换到【列】选项卡(图 2.2-11),根据 SPOTS.txt 文件中的数据分隔方式,选择【分隔的分隔符】。将【特征类型】改为【点】,因为 SPOTS.txt 文件中的数据都是测量点。对【列分隔符】进行设置,可以排除数据列之间用于分隔的符号,选择【空格】和【分号】。在最下方的数据栏顶部,【跳过】表示 OpenRoads Designer 读取此列数据时是否跳过,前两列的数据按照默认的跳过设置,第 3 列数据改为【向北】,第 4 列数据改为【向东】,第 5 列数据改为【高程】。如此设置是因为测量数据的坐标系统与数学坐标系统不同,数学坐标系统中 X 轴在测绘中表示"北",数学坐标系统中的 Y 轴在测绘中表示"东"。

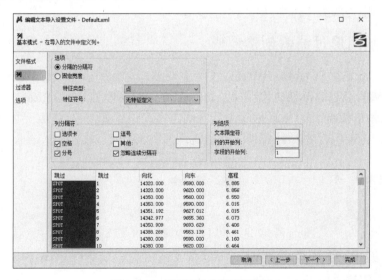

图 2.2-11　选择有效的数据结构列

【过滤器】和【选项】选项卡中的内容一般不用设置。点击【完成】。此时会弹出【保存文本导入向导设置文件】对话框(图2.2-12),此过程是将txt文本导出为中间过渡格式,该格式的数据可以被OpenRoads Designer识别。可以更改文件名字后点击【保存】。

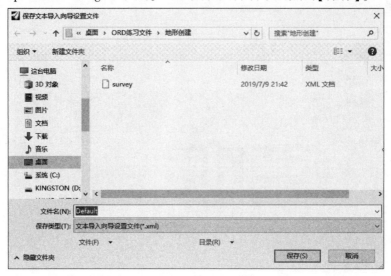

图2.2-12　保存文本导入向导设置文件

步骤5:这时,【文本导入向导】中就会显示刚才保存的文件(图2.2-13)。通过配置文件,使OpenRoads Designer在读取文本过程中按照配置要求将纯粹的数据与专业的属性相匹配。

图2.2-13　生成的向导设置文件

步骤6:点击【导入】。当显示【完成导入】后,点击【全景视图】就可以查看生成的地形模型,此过程与使用【从文件】创建地形模型的操作一样。

2.2.3　从图形过滤器创建地形

过滤器的作用是让OpenRoads Designer能够准确识别有用信息,过滤掉无用信息,从而创建地形模型。从图形过滤器创建地形模型的前提是有设置好的过滤器,将测绘地形图数据中的有用信息过滤出来,排除对地形创建无意义的内容。步骤如下:

步骤1:点击【杂项】组中的【图形过滤器管理器】,如图2.2-14所示。

图2.2-14　点击【图形过滤器管理器】命令

步骤2:参考"80坐标地形图"地形文件,该文件为dwg格式的CAD文件,如图2.2-15所示,地形图中既有高程点,也有等高线。

图 2.2-15 参考的地形文件

步骤 3：点击【图形过滤器管理器】工具，弹出【地形过滤器管理】对话框，单击鼠标右键，选择【创建过滤器】，如图 2.2-16 所示。

图 2.2-16 创建过滤器

步骤 4：在右侧【属性】选项卡中，重命名新建的过滤器为"高程点"，同时将特征类型改为【点】，因为点的特征类型只能是点，见图 2.2-17。

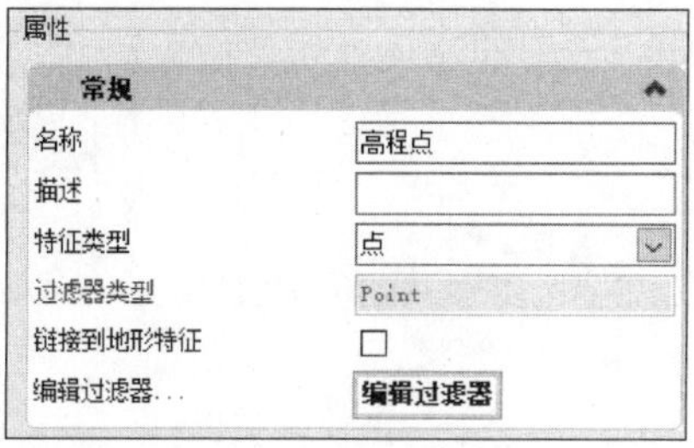

图 2.2-17 编辑属性

步骤 5：点击【编辑过滤器】，弹出【编辑过滤器】对话框，如图 2.2-18 所示。

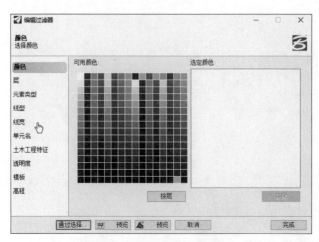

图 2.2-18 【编辑过滤器】对话框

步骤 6：在 OpenRoads Designer 视图中找到地形图中任意一个高程点，并点击鼠标左键以选中，在【编辑过滤器】对话框中点击【通过选择】，该高程点的相关类型信息会在各选项中分别显示，例如：颜色表示为 ▇252、层表示为 GCD、元素类型表示为 **共享单元** 等。这些信息都是地形图文件中该高程点自带的元素信息。为了将高程点过滤出来，需要找到能够独立识别高程点的元素信息。因为颜色表示 252 的除了高程点外可能还有其他元素，所以如果通过颜色来过滤高程点，可能会将其他元素也过滤出来。

一般来说，设计师获取的地形图文件大多由测绘单位、勘测单位提供，这些单位在绘制地形时往往已经将不同类型的元素划分了图层，所以【层】选项是过滤高程点或等高线的首要条件。选中【颜色】选项卡，可将右侧的 ▇252 移除。移除方法为双击 ▇252 或选中 ▇252 后点击【移除】。同理，将【线型】选项卡、【线宽】选项卡中对应的内容也移除掉。点击 预览，会看到地形图中的所有高程点均为高亮显示状态，如图 2.2-19 所示。这时，高程点就已经被过滤出来了。点击【完成】按钮。

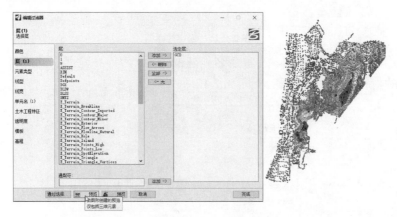

图 2.2-19 编辑后预览

步骤 7：前述的是高程点的过滤方法，等高线的过滤方法与高程点的过滤方法相同。首先，在【地形过滤器管理器】中新建过滤器，并重命名为"等高线"，将特征类型改为【等高线】，如图 2.2-20 所示。

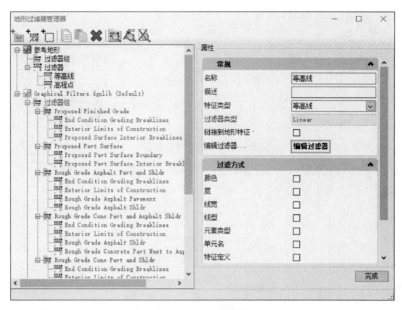

图 2.2-20　新建等高线过滤器

步骤 8：点击【编辑过滤器】，选中任意一条等高线，点击【通过选择】，将【层】以外的其他条件都移除掉，点击【预览】，所有等高线均被过滤出来，如图 2.2-21 所示。点击【完成】按钮。

图 2.2-21　等高线编辑后预览

步骤 9：将高程点和等高线分别过滤出来后，得到的是两个过滤器。但对设计师而言，需要将高程点和等高线同时过滤出来供使用。在【地形过滤器管理器】对话框中，右键单击【过滤器组】，选择【新建过滤器组】，重命名为"高程点+等高线"，同时将【选择过滤器】中的【高程点】和【等高线】全部勾选，如图 2.2-22 所示。点击【完成】按钮。

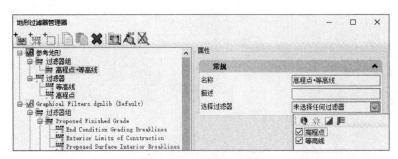

图 2.2-22　创建过滤器组

步骤 10：回到【地形】选项卡中，点击【创建】选项中的【从图形过滤器】，弹出【按图形过滤器创建地形】对话框，如图 2.2-23 所示。

图 2.2-23　【按图形过滤器创建地形】对话框

步骤 11：点击【图形过滤器组】右侧的 ▭ ，选择刚才新建的"高程点 + 等高线"过滤器，如图 2.2-24 所示。

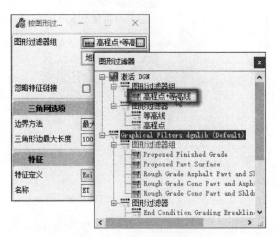

图 2.2-24　选择过滤器组

步骤 12：点击【预览】，会看到视图中所有高程点和等高线均为高亮状态，如图 2.2-25 所示。

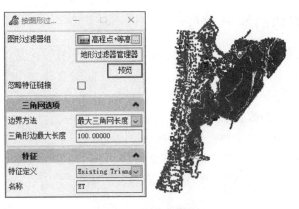

图 2.2-25 预览过滤器组

步骤 13：根据视图左下角提示，完成创建地形模型的相应设置。可以在【按图形过滤器创建地形】中提前设置好【边界方法】和【特征定义】；也可以每操作一步，按照左下角提示或鼠标处提示设置【边界方法】和【特征定义】。最后点击【要接受选择的数据点】，如图 2.2-26 所示。

图 2.2-26 要接受选择的数据点

步骤 14：计算机会自动计算地形数据以创建地形模型，如图 2.2-27 所示。创建的地形如图 2.2-28 所示。

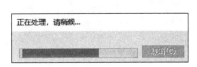

图 2.2-27 运算过程

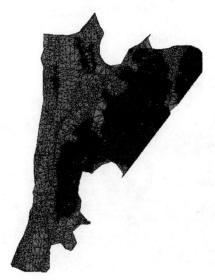

图 2.2-28 生成的地形模型

2.2.4 创建剪切的地形模型

【创建剪切的地形模型】工具可通过点击【地形】选项卡中的【其他方法】,在下拉菜单中找到。创建剪切地形并不是在原有的地形上进行剪切,而是在原始地形模型基础上重新创建出新的剪切后的地形。这是 OpenRoads Designer 的底层逻辑,开发者认为原始地形模型只能由创建原始地形的设计者修改,其他参考原始地形的设计者没有权限修改原始地形。

步骤1:打开"地形剪切"文件,点击【视图属性】,在【视图设置】中将【模型】调整为【Default-3D】,就可以浏览3D模型文件,如图 2.2-29 所示。

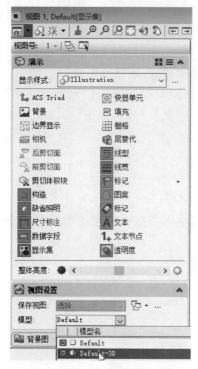

图 2.2-29 切换 Default-3D

步骤2:按<Shift+鼠标中键>旋转视图,可以看到廊道的一部分被地形覆盖了(图 2.2-30),此时需要将覆盖廊道的部分剪切掉。

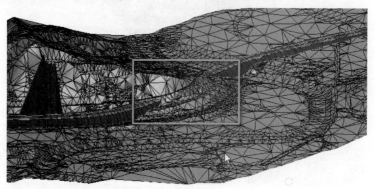

图 2.2-30 模型地形覆盖

步骤 3：为了方便快速浏览模型，在视图中再打开一个新视图，将新视图的视图属性调整为"Default-2D"。点击【查看】选项卡，选择【平铺】，将两个视图平铺显示，如图 2.2-31 和图 2.2-32 所示。

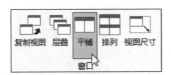

图 2.2-31　视图排列方式

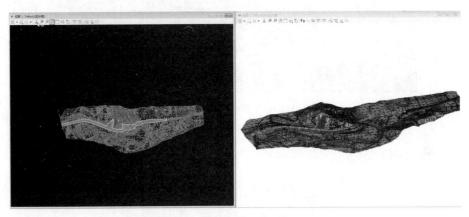

图 2.2-32　二维三维模型视图并列显示

步骤 4：点击【地形】选项卡，选择【其他方法】下拉菜单中的【创建剪切的地形模型】，弹出【创建剪...】对话框，如图 2.2-33 所示。

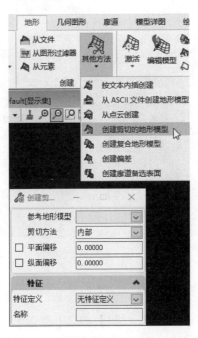

图 2.2-33　【创建剪切的地形模型】命令

步骤5：根据提示进行操作。提示"定位参考地形模型元素"时,选中地形;提示"定位剪切元素"时,选择廊道边线;提示"定位下一个剪切元素-完成时重置"时,点击鼠标右键;提示"平面偏移"时,选择【0.00000】;提示"纵面偏移"时,选择【0.00000】;提示"剪切方法"时,选择【内部】。

步骤6：此时,会看到创建出来的剪切地形。由于创建剪切地形时,没有设置特征定义,所以创建出来的地形显示为白色,如图2.2-34所示。

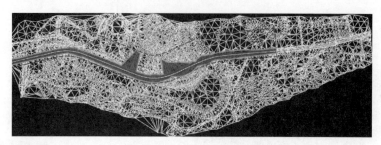

图2.2-34　创建出的剪切地形

步骤7：长按鼠标右键,将弹出功能选项,选择【View control】中的【2 Views Plan/3D】选项,将打开3D视图,如图2.2-35所示。

图2.2-35　将原始地形隐藏

在3D视图显示状态下,将原始的参考地形"隐藏"或"卸载",就会看到刚才新创建的剪切地形,同时,覆盖在廊道上方的地形被剪切掉了,如图2.2-36所示。

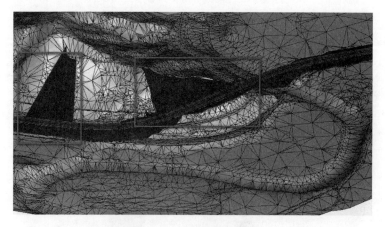

图2.2-36　将原始地形隐藏

2.2.5　从点云创建地形模型

步骤1：将工作流切换到【OpenRoads 建模】,点击【连接工具】下拉按钮中的【点云】,弹出【点云】对话框,如图2.2-37所示。

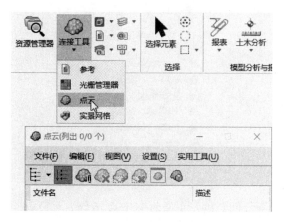

图 2.2-37 点云对话框

步骤 2:在【点云】对话框中点击【连接】工具,如图 2.2-38 所示。

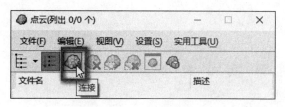

图 2.2-38 连接点云命令

步骤 3:选择"Interim scan.pod",点击【打开】按钮,如图 2.2-39 所示。连接好的点云如图 2.2-40 所示。

图 2.2-39 选择点云文件

图 2.2-40 点云文件

步骤 4:在【地形】选项卡中,点击【从点云创建】工具,弹出【从点云创建地形】对话框,如图 2.2-41 所示。

33

图 2.2-41　从点云创建命令

步骤 5：在弹出的【从点云创建地形】对话框中点击【导入】，就会计算生成相应的地形模型，如图 2.2-42 所示。

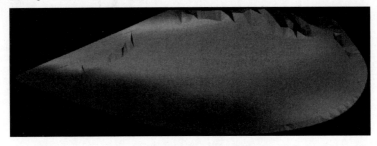

图 2.2-42　通过点云生成的地形模型

2.3　地形编辑

地形编辑工具组包含用于编辑和操作地形模型的工具，包括按特征添加和删除、编辑无规则地形模型以及处理复杂地形模型等，如图 2.3-1 所示，各工具详细功能见表 2.3-1。

图 2.3-1　地形编辑工具

地形编辑工具功能　　　　　　　　　　　　　　　　　　　　　　　　　表 2.3-1

图标	名 称	功　　能
	激活	激活地形模型是配置文件模型中默认显示的模型和廊道建模的必要前提条件
	编辑模型	使用编辑模型工具打开工具设置，可以删除、插入和移动地形顶点、删除地形中的三角形和交换行等
	编辑复合模型	通过改变合并的顺序来编辑复杂地形，改变合并或追加方法，添加或删除组件地形模型
	添加特征	在使用创建命令创建的地形中添加更多特性。例如，从折线创建地形然后添加点

续上表

图标	名称	功能
	删除特征	从【添加特征】或【从元素创建】添加的地形中移除元素
	添加边界	利用编辑/管理边界的能力，从地形中提取隐含的或存储的边界
	删除边界	从无规则地形模型中移除边界元素
	转换	能够转换、旋转和缩放元素。可以同时对常规或土木元素执行这三种修改

2.4 地形分析

土木地形分析工具包含计算体块、显示坐标/高程、分析模型上点或点之间的数据以及池塘、分析分水岭的工具等。各地形分析工具功能详见表2.4-1。

地形分析工具的功能　　　　　　　　　　表 2.4-1

类别	图标	名称	功能
点		在两点之间分析	在地形模型上报告两个点之间的位置信息(高差、长度和坡度)
		分析点	在地形模型中报告用户指定的点的位置信息(高程、坡度、轮廓线、坡度方向)
		反向点	报告用户指定的点在地形模型中的位置信息(高程、坡度、轮廓线、坡度方向)。支持以下几种类型：【线性】、【弧】、【半径】、【垂直】和【按元素】。该工具同时支持二维和三维视图/模型，结果将显示在光标提示符和可选的 Civil Report 浏览器中
土方量		创建挖方和填方土方量	计算两个表面[通常是一个现有的地形和一个表面(地形或网格)]之间的挖方和填方，并创建一个三维网格实体与体积属性
		分析体积	计算两个地形模型或一个地形模型与平面(高程)之间的体积。能够在一个区域(围栏)或多个区域进行处理，并在一个高程范围内计算体积
水力		分析水塘	通过地形模型上的数据点位置(体积、面积最大深度)分析水塘(最低点)的地形模型
		分析轨迹边坡	沿着一个表面、沿着用户指定的坡度值或最陡的坡度进行跟踪。可以跟踪上游或下游
报表		报表交叉特征	定位相交线特征，如中断线或等高线
		报表冲突点	报告源数据，用于创建具有重复点的地形模型(由具有相同或不同海拔的 X、Y 位置定义)
—		水膜效应	评估车辆在潮湿路面失控的可能性
—		视距分析	评估道路设计过程中车辆视距情况

第3章 几何图形

3.1 几何图形工具概述

几何图形工具是 OpenRoads Designer 专门为线路专业工程师提供的用于设计路线的工具。几何图形设计分为平面几何设计和纵面几何设计。设计者在进行几何图形设计时采用的工作环境为二维环境,也就是说,在建模之前要选择二维的种子。另外,在整体建模思路上,创建的几何图形与地形模型是两个独立的文件;区别在于,地形模型文件为 3D-dgn 文件,几何图形文件为 2D-dgn 文件。

与创建地形模型类似,在进行几何图形设计前需要设置好建模环境。打开 OpenRoads Designer,将工作空间设置为【Training and Examples】,将工作集设置为【Training-Metric】,点击【新建】,设置新建文件的保存路径,选择"Seed2D - Metric Training"作为种子文件,点击【保存】。

进入 OpenRoads Designer 工作界面后,选择【OpenRoads 建模】工作流,在【几何图形】功能区下,用户将看到【通用工具】组、【水平】组、【垂直】组、【常用工具】组等几个主要工具组,如图 3.1-1 所示。本章后续各节将详细介绍各工具的功能及使用方法。

图 3.1-1 【几何图形】选项卡

3.2 通 用 工 具

3.2.1 导入/导出

【导入/导出】工具是用于导入和导出本地产品的工具(InRoads、GEOPAK 和 MX),也有从通用 MicroStation 元素创建土木元素的工具,各工具的功能见表 3.2-1。

【导入/导出】工具的功能 表 3.2-1

工 具	功 能
导入几何	导入带有几何坐标数据的几何元素,例如 MX(FIL)、InRoads(ALG 或 FIL)或 GEOPAK(GPK)元素等
从 ASCII 文件导入平面几何图形	通过文本向导从 ASCII 文件导入水平几何元素

续上表

工 具	功 能
从 ASCII 文件导入纵面几何图形	通过文本向导从 ASCII 文件导入垂直几何元素
导出几何图形	允许将选定的土木几何元素导出为以下几何坐标数据格式：MX 的 FIL 文件、InRoads 的 ALG 文件或 GEOPAK 的 GPK 文件

3.2.2 设计元素

【设计元素】工具用于设置激活纵断面和地形，还可以选择图形元素，其功能见表 3.2-2。

【设计元素】工具的功能 表 3.2-2

图标	工 具	功 能
	设置激活纵断面	指定平面几何元素，激活其纵断面，以使得在纵断面视图中查看和编辑该几何元素（该几何元素必须同时具有平面几何信息和纵面几何信息）
	设置激活地形模型	指定多个地形模型中哪个地形被激活。激活地形模型是配置文件模型中默认显示的模型，也是廊道建模的默认目标
	通过图形过滤器选择	将所有与图形化过滤器匹配的元素放置到 MicroStation 选择集中
	创建土木规则特征	将土木几何规则分配给非土木几何工具创建的元素。例如，MicroStation 智能线可以成为土木几何规则元素，并带有操作器和由此派生的所有编辑功能

3.2.3 标准

【标准】工具主要用于在几何图形设计前、设计中或设计后，将几何图形设置为符合规范或符合公路工程的线型特征，其功能见表 3.2-3。

【标准】工具的功能 表 3.2-3

图标	工 具	功 能
	设置设计标准	将设计标准分配给未设置过设计标准的元素。设计标准工具栏中激活的设计标准将分配给所选元素
	规范选择工具	为土木几何元素指定设计标准，或更改元素上的设计标准
	设置特征定义	将特征定义分配给土木几何元素，或更改元素上的特征定义
	特征定义工具栏	使用特性切换栏上的命令来激活和禁用影响各种几何命令的设置
	匹配特征定义	把一个元素的特征传递给另一个元素
	土木消息中心	提供对可能影响设计过程的各种问题的反馈，例如违反了结构和设计标准的错误
	设置元素信息	向绘图中的特定元素添加注释

3.2.4 土木切换

【土木切换】工具主要包含【土木精确绘图】工具、【删除规则】工具和【取消激活参考规则】工具等,其功能见表3.2-4。

【土木切换】工具的功能　　　　　　　　　　　表3.2-4

名称	工具	功　　　　能
	土木精确绘图	激活或关闭土木精确绘图
	删除规则	删除选定元素上的规则。当规则被删除时,操作器无法进行编辑,元素也不会更新
	取消激活参考规则	禁用选定元素上的引用规则

3.2.5 报表

【报表】工具主要用于生成几何图形(如平面路线、桩号、纵断面路线等)的数据报表,其功能见表3.2-5。

【报表】工具的功能　　　　　　　　　　　表3.2-5

图标	工具	功　　　　能
	平面曲线数据表	用于生成平面几何基本线形要素信息报表
	纵断面报表	用于生成纵面几何基本线形要素信息报表
	合法报表	用于指定有关闭合路线和参考路线的信息
	地图检查报表	用于根据绘制的数据(而不是软件存储的内部精度)指定信息
	桩号偏移报表	用于指定有关选定路线或特征的桩号偏移数据的信息
	点特征桩号偏移高程报表	创建包含点名称、点特征、桩号以及从所选点到其他测量元素的偏移的报告
	桩号基准报表	用于指定有关选定路线或特征的桩号基础数据的信息
	超高报表	用于指定有关超高的信息,并可显示选定区间的数据

3.3　平　面　设　计

在【几何图形】功能区中,【水平】工具组(图3.3-1)为用户提供了用于平面几何设计的工具,如直线、弧、缓和曲线等基本线型要素;此外,用户还可以对平面几何元素进行相应的设置,如桩号设置等。

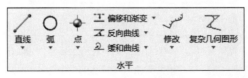

图3.3-1　【水平】工具组

3.3.1 平面几何线

平面几何线工具包括【直线】工具、【任意线连接】工具、【两弧切线连接】工具、【任意线延长】工具、【两点间倒角】工具,如图 3.3-2 所示。

图 3.3-2 平面几何线工具

(1)【直线】工具

【直线】工具用于定义两点之间的最短路径。其操作方法为:如图 3.3-3 所示,点击【直线】工具,根据提示,输入起点和终点,距离显示在光标处,可以通过键入数值并按 <Enter> 键锁定。请注意最右侧的提示箭头。在许多工具中都会显示这样的左右箭头。在这种情况下,按键盘上的向左或向右箭头会将参数切换到【方向】。方向可以锁定。当距离或方向被锁定时,这些锁将反映在对话框中。距离和方向值在对话框和屏幕提示中动态更新。

图 3.3-3 输入终点距离

(2)【任意线连接】工具

【任意线连接】工具用于定义两线性元素之间的直线,其功能见表 3.3-1。

【任意线连接】工具的功能　　　　表 3.3-1

图标	工具	功能
	切线连接	以零度斜交角创建到另一元素无任何过渡的直线(仅当【到】元素为曲线时适用),偏移锁定至零
	缓和曲线终点元素	以零度斜交角创建到另一元素为缓和曲线过渡的直线(仅当【到】元素为曲线时适用),偏移锁定至零
	曲线终点元素	以零度斜交角创建到另一元素为圆弧过渡的直线(仅当【到】元素为曲线时适用),偏移锁定至零
	定角度终点元素	以用户定义的斜交角创建无任何过渡的直线,偏移锁定至零
	任意线连接	与参考元素成一定倾斜构造线

(3)【两弧切线连接】工具

【两弧切线连接】工具用于在已存在的两段弧之间构造直线。单击【两弧切线连接】,将弹出【两弧切线连接】对话框。对话框中任何输入的数值均可锁定。操作方法为:

步骤1：选择要从中构造直线的弧，点击【确认】。选择到第一条弧的偏移距离。可以使用鼠标以图形方式选择此距离，也可以键入数值，如图3.3-4所示。

图3.3-4　输入起点偏移

步骤2：定位第二个元素，即选择第二个弧线。选择到第二条弧的偏移距离，即输入终点偏移值。同理，可以使用鼠标以图形方式选择此距离，也可以键入数值，见图3.3-5。

图3.3-5　输入前后缓和曲线长度

步骤3：通过在第二条弧中的不同解决方案编号之间移动鼠标来选择解决方案，点击【确认】接受解决方案。如果在设置对话框中选择了后过渡段和/或前过渡段，则会出现一条提示，此时将允许修改过渡段属性。使用向左和向右箭头键在后过渡段和前过渡段之间切换。完成过渡段属性设置之后，点击【确认】。选择调整选项【无】、【后】、【前】或【两者】，这将有效地修剪所绘制的源和/或目标元素。

(4)【任意线延长】工具

【任意线延长】工具用于创建任意几何元素向外延长的直线，详见表3.3-2。

【任意线延长】工具的功能　　　　　　　　　表3.3-2

图标	工　具	功　能
┬	切线延长	以零度斜交角创建从另一元素开始无任何过渡的直线(仅当【从】元素为曲线时适用)，偏移锁定为零
┬	缓和曲线延长	以零度斜交角创建从另一元素缓和曲线过渡的线，仅当【延长(From element)】为曲线、偏移锁定为零时适用
┬	曲线延长	以零度斜交角创建从另一元素开始为圆弧过渡的直线(仅当【从】元素为曲线时适用)，偏移锁定为零
∠	定角度延长	以定义的斜交角创建从另一元素开始无任何过渡的直线，偏移锁定为零
∠	任意线延长	以一定倾斜角度从基准元素构造线

(5)【两点间倒角】工具

【两点间倒角】工具用于创建拐角(例如，通过在元素之间插入直线来改变现有交点)。其操作方法为：

步骤1：单击【两点间倒角】，将光标移至视图中后，将出现命令提示，要求定位第一个元素。将光标移至要进行倒角操作的起始元素，然后在其上点击确认(单击鼠标左键)，如图3.3-6所示。

图 3.3-6　定位第一个元素

步骤 2：根据提示设置起点偏移，例如输入"0.00000"，点击＜Enter＞键以锁定，如图 3.3-7 所示。

图 3.3-7　输入起点偏移值

步骤 3：此时出现"定位第二个元素"的提示，将光标移至倒角必须延伸到的元素，然后点击鼠标左键，输入终点偏移，与上一步操作类似。定义引道长度和出口长度，即定义倒角直线交点分别距离原交点的长度，如图 3.3-8 所示。

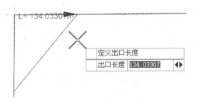

图 3.3-8　输入终点偏移值

3.3.2　平面几何弧

(1)【圆】工具

【圆】工具用于绘制圆。单击【圆】工具，将弹出【圆】对话框。将光标移至视图中后，将出现"输入中心点"的命令提示，点击鼠标左键。在视图中，将指针移至距中心点的所需距离处，然后点击鼠标左键，利用"通过点"来创建圆，如图 3.3-9 所示。

图 3.3-9　输入半径值

(2)【两点间弧】工具

【两点间弧】工具用于在两点之间创建弧。在视图中单击鼠标左键，输入弧的中心点，移动光标，会显示动态半径值，输入需要的半径值，点击鼠标左键以接受，如图 3.3-10 所示。

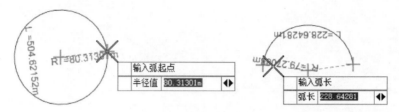

图 3.3-10 绘制两点间弧

(3)【圆弧连接】工具

【圆弧连接】工具用于创建到另一元素的任意形式的弧,其功能见表 3.3-3。

【圆弧连接】工具的功能 表 3.3-3

图标	工具	功能
	简单圆弧切向连接	创建与另一元素无任何过渡的简单半径圆弧,偏移锁定为零
	双圆弧曲线连接	创建到另一元素为圆弧过渡的圆弧,偏移锁定为零
	圆+缓和曲线连接	创建到另一元素为缓和曲线过渡的圆弧,偏移锁定为零
	圆+双缓和曲线连接	创建到另一元素为相反缓和曲线过渡的圆弧(仅当【到】元素为反旋曲线时适用),偏移锁定为零
	圆弧连接	基于控制一端切线,选定基准元素构造弧

(4)【两弧间弧】工具

【两弧间弧】工具用于在已有的两段弧之间创建弧。此工具能够选择在基本弧和构造弧之间应用后过渡段和/或前过渡段。操作步骤为:

步骤 1:点击【两弧间弧】命令,选【复合】或【反向】作为曲线类型,如图 3.3-11 所示。

图 3.3-11 选择曲线类型

步骤 2:选择用作构造线起点的后元素弧,单击鼠标左键以接受,如图 3.3-12 所示。

图 3.3-12 定位后元素

步骤 3:定义起点偏移,例如输入"0",单击鼠标左键以接受,如图 3.3-13 所示。

图 3.3-13 输入起点偏移值

步骤 4:选择用作构造线的起点的前元素弧。单击鼠标左键以接受,定义终点偏移。例如输入"0",单击鼠标左键以接受。此时,光标会提示输入半径,例如,输入"1000",就会形成一条新弧,【修剪/扩展】选择【两者】,会在新弧与已有弧之间做多余剪切,如图3.3-14所示。

图3.3-14　选择【两者】

(5)【圆弧延长】工具

【圆弧延长】工具用于创建与另一元素的任意形式的圆弧,详见表3.3-4。

【圆弧延长】工具的功能　　　　　　　　　　　　　　　　表3.3-4

图标	工具	描述
	简单圆弧切向延长	创建与另一元素无任何过渡的简单半径圆弧,偏移锁定为零
	双圆弧组合延长	创建从另一元素开始为圆弧过渡的圆弧,偏移锁定为零
	圆+缓和曲线延长	创建从另一元素开始为缓和曲线过渡的圆弧,偏移锁定为零
	圆+双缓和曲线延长	创建与另一元素为相反缓和曲线过渡的圆弧(仅当【从】元素为反旋曲线时适用),偏移锁定为零
	圆弧延长	基于控制一端切线,选定基准元素构造弧

(6)【插入直-缓-圆-缓-直曲线】工具

【插入直-缓-圆-缓-直曲线】工具用于创建两端为任意形式几何元素的弧,详见表3.3-5。

【插入直-缓-圆-缓-直曲线】工具的功能　　　　　　　　　表3.3-5

图标	工具	描述
	插入简单切向圆弧	创建两端没有缓和曲线或渐变的半径弧,偏移锁定为零
	插入缓-圆-缓曲线	创建两端为缓和曲线过渡但无渐变的半径弧,偏移锁定为零
	插入直-圆-直曲线	创建两端渐变但无过渡的半径弧,偏移锁定为零
	插入三心圆曲线	创建两端具有半径过渡的半径圆弧,结果为三心曲线,偏移锁定为零
	插入两心圆曲线	创建一端具有半径过渡的半径圆弧,结果为双心曲线,偏移锁定为零
	插入直-缓-圆-缓-直曲线	在先前放置的元素之间构造弧

3.3.3　点

【点】工具用于绘制单个点、沿元素的点或等间距点,详见表3.3-6。

【点】工具的功能　　　　　　　　　表3.3-6

图标	工具	描述
	点	构造土木点元素
	插入点	在视图中遵循指定的间隔插入指定数量的点

3.3.4 偏移和渐变

【偏移和渐变】工具用于将选定路段沿着参照元素进行偏移,偏移值可以是固定值,也可以是变量,其功能见表3.3-7。

【偏移和渐变】工具的功能　　　　　表3.3-7

图标	工具	描述
	整路段等距偏移	将选定路段沿整个长度偏移一个常量值
	局部路段等距偏移	将选定路段沿用户选择的桩号范围偏移一个常量值
	局部路段渐变偏移	将选定路段沿用户选择的桩号范围偏移一个可变量
	比率定义的渐变	将选定路段沿用户选择的桩号范围偏移一个比率

3.3.5 缓和曲线

缓和曲线是车辆从直线段进入圆曲线段时,为了驾驶安全,在直线与圆曲线之间插入的过渡曲线。该曲线的半径在靠近直线段时趋于无穷大,在靠近圆曲线时趋于圆曲线半径,其曲线半径的变化是均匀的,因此驾驶员转动转向盘的过程是匀速转动,这样可最大限度地避免车辆发生交通事故,提高了驾驶车辆的稳定性。【缓和曲线】工具的功能见表3.3-8。

【缓和曲线】工具的功能　　　　　表3.3-8

图标	工具	描述
	缓和曲线延长	使用此基准元素确定一端切线,从先前放置的元素构造缓和曲线
	插入缓和曲线	在两个确定切线的基本元素之间构造一条(或多条)缓和曲线

3.3.6 修改

【修改】工具主要用于对平面几何元素进行桩号设置、添加断链、插入交点及复合曲线等,其功能见表3.3-9。

【修改】工具的功能　　　　　　　表3.3-9

图标	工具	描述
	起点桩号	将桩号设置分配给元素
	添加断链	定义元素上指定位置处的桩号

续上表

图标	工具	描述
	复制元素	创建可见几何图形的新实例
	插入交点及复合曲线	通过在先前建立的复合元素中附加其他元素来构造复合元素
	附加元素	用于在先前建立的复合元素中附加其他元素,形成复合元素

3.3.7 复杂几何图形

【复杂几何图形】工具用于创建并重定义复合路线、最佳拟合、偏移工具(平行复制)反向曲线,以及按模板创建三维几何模型,其功能见表3.3-10。

【复杂几何图形】工具的功能　　　　　表 3.3-10

图标	工具	描述
	按元素复合	通过将先前放置的元素按顺序连接来构造复合元素
	交点法创建路线	基于用户的 PI(交点)位置输入,使用曲线创建线性元素。对于 PI 处没有曲线的情况,曲线可以包括过渡段或将半径设置为零
	按最佳拟合定义	根据离散点情况,通过设定拟合参数,自动推算最佳拟合中线元素

3.4 纵断面设计

【垂直】工具组包含了用于设计道路或场地高程信息的功能和命令,用户在使用时要根据已知的平面几何进行相应的纵断面设计。

3.4.1 打开纵断面模型

有两种方法可打开纵断面模型视图。

一是选择平面几何,光标停留处会弹出选项栏,选择其中的【打开纵断面模型】,如图 3.4-1 所示。

图 3.4-1　打开纵断面模型命令

当提示"选择或打开视图"时(图 3.4-2),在视图下方选择任意一个视图号,在打开的新视图中单击鼠标左键即可,如图 3.4-3 所示。

图 3.4-2　选择视图

图 3.4-3　选择视图

二是点击【垂直】组中的【打开纵断面模型】命令,如图 3.4-4 所示。

图 3.4-4　【打开纵断面模型】命令

根据光标提示,定位平面图元素,单击鼠标左键以接受,如图 3.4-5 所示。然后又会提示"选择或打开视图",与方法一相同,选择一个新的视图号并将其打开,在新视图中单击鼠标左键以接受。

图 3.4-5　定位平面图元素

3.4.2　设置激活纵断面

【设置激活纵断面】工具可指定任意纵断面元素,被指定的纵断面元素会驱动其三维模型。结果是在三维模型中创建三维几何线,表示平面路线与纵断面路线组合后的空间线型。

3.4.3　纵断面创建

(1)【剖切地面线】工具

【剖切地面线】工具用于穿过地形的平面几何线,依据地形高程信息创建与地形高程一样的纵断面。如图 3.4-6 所示,通过剖切地面线可创建通过地形上的平面几何的纵断面。操作步骤如下:

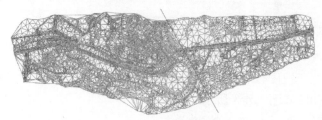

图 3.4-6　剖切地面线

步骤 1:点击【剖切地面线】(图标为 ），弹出【剖切…】对话框,根据提示,定位第一个纵断面元素,如图 3.4-7 所示。

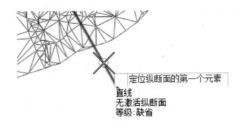

图 3.4-7　定位第一个纵断面元素

步骤 2：如果有其他元素，则继续选择其他元素。选择完毕后，点击鼠标右键，重置完成，如图 3.4-8 所示。

图 3.4-8　定位后重置完成

步骤 3：单击鼠标左键以选中地形以定位参考表面，然后单击鼠标右键以重置可激活地形模型，如图 3.4-9 所示。

图 3.4-9　定位参考表面

步骤 4：输入起点距离和终点距离，如图 3.4-10 所示。

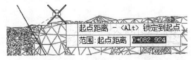

图 3.4-10　输入起终点距离

步骤 5：当系统提示"点选择"时，按向下箭头键，在各选项间导航，然后按 < Enter > 键执行选择，见图 3.4-11。

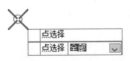

图 3.4-11　【点选择】选择全部

步骤 6：当提示"纵断面调整"时，可以按上、下方向键进行选择，通常选择【无】，点击鼠标左键以接受，如图 3.4-12 所示。

图 3.4-12　纵断面调整

步骤7：当提示"覆盖选项"时，可以按上、下方向键进行选择，通常选择【三角网】，点击鼠标左键以接受，如图3.4-13所示。

图3.4-13　选择覆盖选项

步骤8：当提示"平面偏移"和"纵面偏移"时，都设为"0"，然后单击鼠标左键以接受，如图3.4-14所示。

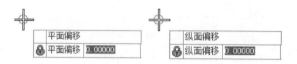

图3.4-14　输入平面和纵面偏移

完成以上操作后，可以查看该路线的纵断面。方法是选择该路线，光标右侧会弹出隐藏选项栏，选择【激活纵断面模型】命令（图3.4-15），在其他视图中点击左键以打开该路线剖切地面线后的纵断面，如图3.4-16所示。

图3.4-15　【激活纵断面模型】命令

图3.4-16　纵断面视图

（2）【纵断面投影至其他剖面】工具

【纵断面投影至其他剖面】工具可在一个元素的纵断面视图中显示另一个元素纵断面。点击【纵断面投影至其他剖面】命令，弹出对话框，根据提示，选择要投影的元素（要投影的元素必须具有纵断面信息并且是已经激活纵断面的元素），如图3.4-17所示。

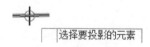

图3.4-17　选择要投影的元素

将鼠标移动到要投影到的平面元素，例如在水平元素下方的元素，此时会弹出两个平面元素相交区域的预览状态,如图3.4-18所示。点击鼠标左键以接受。

图3.4-18 选择要投影到的平面图元素

如果想查看新创建的纵断面,可以点击创建纵断面的平面元素,在弹出的选项栏中点击【打开纵断面模型】,以查看刚刚创建的纵断面信息,如图3.4-19所示。

图3.4-19 打开纵断面

(3)【平面交叉点投影至其他剖面】工具

【平面交叉点投影至其他剖面】工具用于在纵断面视图中指示两个元素的交叉位置。交点位于相交元素的桩号和高程处。相交元素必须具有指定的激活纵断面。如图3.4-20所示,有红线和蓝线各一条,且为相交状态,红蓝线均为具有纵断面的空间几何元素。

图3.4-20 相交的空间几何元素

如果已知红线纵断面,想知道与红线相交的蓝线交点处的纵断面位置,可以进行如下操作:

步骤1:打开红线纵断面视图,点击【平面交叉点投影至其他剖面】命令,当提示"定位要显示交点的元素"时,点击红线,如图3.4-21所示。

图3.4-21 定位要显示交点的元素

步骤2：当提示"定位相交的元素"时，点击蓝线，如图3.4-22所示。

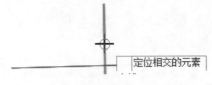

图3.4-22　定位相交的元素

步骤3：在纵断面视图中将会看到与红线相交的蓝线交点处的纵断面信息，如图3.4-23所示。

图3.4-23　显示交点

3.4.4　直线

【直线】工具用于在两个指定点之间构造一条纵断面线，其功能见表3.4-1。

【直线】工具的功能　　　　　　　　　　　　　　　　表3.4-1

图标	工具	描述
	直线坡	在用户定义的两个点之间构造纵断面线
	任意坡连接	按相对坡度从指定位置到参考元素构造纵断面线
	任意坡延长	按相对坡度从参考元素到指定位置构造纵断面线
	插入切线坡	在先前放置的两个纵断面曲线之间构造纵断面线

3.4.5　曲线

【曲线】工具包含各种纵面曲线放置工具，具体见表3.4-2。

【曲线】工具的功能　　　　　　　　　　　　　　　　表3.4-2

图标	工具	描述
	按点创建竖曲线	在指定点之间构造纵面曲线
	任意竖曲线连接	从指定点到元素构造纵面曲线
	任意竖曲线延长	在现有元素和要指定的点之间构造纵面曲线
	插入任意竖曲线	在两个指定点之间构造纵面曲线

3.4.6　复杂几何图形

【复杂几何图形】工具用于创建并重新定义复杂的纵面路线、最佳拟合、偏移工具（平行复制)自由反向曲线连接,其功能见表3.4-3。

【复杂几何图形】工具的功能　　　　　　　　　　　　　　　　表3.4-3

图标	工具	描述
	按竖曲线单元创建纵断面	从先前放置的元素构造复杂纵断面元素
	按竖交点创建纵断面	构造由垂直交点(VPI)定义的纵断面复合体
	按最佳拟合定义纵断面	通过选定的纵断面构造由最佳拟合定义的纵断面复合体
	插入变坡点及竖曲线	将纵面曲线插入纵断面元素中
	添加竖曲线单元至纵断面	将其他元素附加到先前建立的复杂元素
	插入反向曲线坡	在先前绘制的元素之间构造反向曲线,两条曲线之间的切线长度可选
	纵断面偏移	按照与基本元素的偏移构造纵断面元素。基本元素可以是线、弧、缓和曲线或复合体

3.4.7　元素纵断面

【元素纵断面】工具是一组纵断面建模工具,可以创建土木规则。其功能见表3.4-4。

【元素纵断面】工具的功能　　　　　　　　　　　　　　　　表3.4-4

图标	工具	描述
	插入过渡纵断面	通过匹配相邻元素的坡度和高程来定义元素的纵断面。根据相邻元素的配置,创建单个凸曲线/凹曲线或自由反向曲线连接
	按固定高程绘制纵断面	按给定高程为整个元素定义平面纵断面
	从固定点按坡率绘制纵坡	通过计算相对于三维点的坡度来定义元素的纵断面
	基于参照纵坡按固定坡度绘制纵断面	通过使用设计纵断面投影一个元素的固定坡度来定义另一个元素的纵断面
	基于参照纵坡按可变坡度绘制纵断面	通过使用设计纵断面投影一个元素的可变坡度来定义另一个元素的纵断面。此命令与【基于参照纵坡按固定坡度绘制纵断面】命令的区别在于可以选择其他选项。具体来说,可以定义一个范围而不是整个元素,并且有多种坡度方法可供使用,而不是只有固定坡度
	基于元素按竖向偏移绘制纵断面	根据竖向偏移定义元素的纵断面。结果与【基于参照纵坡按可变坡度绘制纵断面】命令类似,不同的是它使用两个竖向偏移,而不是在两个坡度之间过渡
	按三维元素绘制纵断面	根据绘图中的三维元素(在纵断面空间中)生成纵断面

第4章 廊 道

4.1 廊道概述

廊道模型工具集是一组高度交互的命令,用于创建表示路面或其他线性设计的曲面。廊道模型汇总了多种土木数据,其中包含几何图形、平面视图元素、横断面模板等。几何图形是利用平面和纵面几何工具创建的。平面视图元素(例如路面边缘、路肩、边饰等)可以是二维或三维元素,通过使用标准或导入的数据,可以在设计文件内定义超高信息,模板可在一个或多个模板库中使用。

参考功能可在廊道模型中广泛使用。对于简单的项目,数据可以都在一个文件中;而对于较大的项目,几何图形可能位于某一文件中,平面视图图形可能位于另一个文件中,而地形则位于第三个文件中,超高和实际模型则分别位于第四和第五个文件中。所有文件均可参考其他文件,以显示项目的完整视图。

使用廊道模型时,可以使用二维或三维进行绘制。使用二维(例如,用于平面视图图形)时,系统将自动创建和维护三维视图。例如,最初为平面几何元素定义纵面几何元素时,系统将创建默认三维模型,三维路线(平面和纵面元素的组合)将绘制到三维模型中;因此在廊道建模时,创建三维路面模型后,它们会自动添加到三维模型中。

开始创建廊道时,可以使用基本信息、单个模板以及初步几何和地形模型。随着设计的推进,可以添加更多细节。与单个三维路面相比,组合使用多种不同的模板可以更好地定义三维路面。通过添加过渡段,可以使不同的模板之间平滑过渡。可能存在多个路面,这些路面的廊道名称不同却全部属于同一个路面。这样,一旦做出更改,廊道模型便会实时更新,能够实时查看最新结果。简单项目可能不需要所有工具,有基本廊道模型便已足够。但是,所有工具都可用于处理从简单到复杂、从小型到大型的项目。

创建廊道的工作流程主要为:激活地形模型、创建廊道、编辑三维路线、设置平面或垂直点的约束控制、定义过渡段、生成报告或图纸等。本章将根据创建廊道的工作流程进行详细介绍。

4.2 创建廊道

廊道的创建工具主要包括【新建廊道】、【新建三维路面】、【复制三维路面】、【导入 IRD】、【过渡段】等,如图 4.2-1 所示。

图 4.2-1 【创建】工具组

4.2.1 新建廊道

步骤1：选中地形并激活要在其上创建廊道的地形模型。点击【新建廊道】,打开【创建廊道】对话框。当光标处提示"定位廊道基线"时,将光标移至平面几何处,并按鼠标左键(注意:选择的几何路线需要具有平面几何信息和激活的纵面几何信息)。在定位廊道基线之前,须设置特征定义。一般情况下,特征定义选择【Design】。同时,给新建的廊道命名,在【创建廊道】对话框中可以点击【名称】中的内容进行编辑,如图4.2-2所示。

图4.2-2 【创建廊道】对话框

步骤2：廊道基线定位完成后需要定位纵断面。当光标提示"定位纵断面-重置可激活纵断面"时,单击鼠标右键以激活该元素纵断面。当弹出"廊道名称"时,可以对该廊道进行命名,如图4.2-3所示。

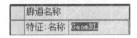

图4.2-3 廊道命名

步骤3：命名完毕后,单击鼠标左键将弹出【创建三维路面】对话框,在视图中将会出现几何路线两侧的黄色矩形框,如图4.2-4所示。

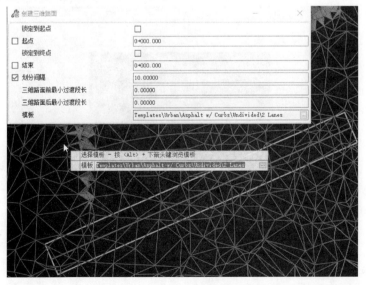

图4.2-4 【创建三维路面】对话框

步骤4：光标处提示"选择模板-按<Alt>+下箭头键浏览模板"。这时的操作可以分为两种：一是在【创建三维路面】对话框中将所有参数设置好后，再点击鼠标左键；二是随着光标和提示完成每一步指令。以上两种方法的最终结果是相同的。以第二种方法为例，讲述创建三维路面的过程。当光标处提示"选择模板-按<Alt>+下箭头键浏览模板"时，如图4.2-5所示，按住<Alt+下箭头>键，将弹出【拾取模板】窗口，在此窗口中依次点击左侧结构树，选择Templates/Urban/Asphalt/Undivided/2 Lanes，如图4.2-6所示，选中该模板，点击【确认】，完成模板的选择。

图4.2-5 浏览横断面模板

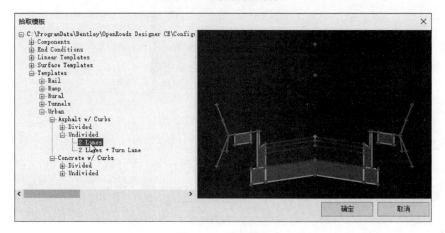

图4.2-6 选择模板

步骤5：单击鼠标左键，完成模板的选择。光标处将提示"起点桩号"，可以直接输入起点桩号（如"0"），或按<Alt>键锁定起点，如图4.2-7所示。确定起点桩号后，单击鼠标左键，光标处将提示"终点桩号"（图4.2-8）。终点桩号的设置方法与起点桩号的设置方法相同。

图4.2-7 锁定起点

步骤6：确定起、终点桩号后，光标会提示设置"划分间隔"。划分间隔表示廊道横断面划分间距，间隔越小则廊道模型越细致（例如，这里将划分间隔设为10m，如图4.2-9所示）。应仔细考虑用于廊道的划分间隔,虽然它可随时更改,但是不同的设计阶段对于模型的精度和处理速度有不同的需求。通常,划分间隔值等于或小于(但仍为倍数)最终横截面的所需间隔,因为横截面桩号应与处理桩号一致。无须将间隔设置得过小以包含所有所需的横截面桩号,因为可以使用【关键桩号】工具向模型中添加特定桩号。如果要在构造中使用模型,则间隔越小,模型越详细,但处理所需时间越长。

图 4.2-8　锁定终点

图 4.2-9　设置划分间隔

步骤 7:划分间隔设置完成后,点击鼠标左键,光标提示"起点缓和曲线",如图 4.2-10 所示。三维路面前最小过渡段长设置为 0,单击鼠标左键后,将【三维路面后最小过渡段长】也设置为 0。【三维路面前最小过渡段长】和【三维路面后最小过渡段长】中的参数可以在【创建三维路面】工具中输入。如果它们为非零值,则在三维路面的起点/终点处创建过渡路面,长度大于或等于所输入的值。实际长度由新三维路面和新三维路面前/后的三维路面之间相隔的距离确定。如果空间不足、无法满足最小要求,则缩短上一个/下一个三维路面以容纳过渡段;如果不存在上一个/下一个三维路面,则不会创建过渡段三维路面。三维路面过渡段长度可用于预期不同的横断面之间的自动过渡长度。如果在初期创建三维路面时,暂未考虑前后不同的模板定义,可设置为 0;后期利用创建过渡区间的方式手工创建不同的区间连接。

图 4.2-10　设置三维路面最小过渡段长

步骤 8:完成以上操作后,在视图中将显示创建出的廊道,其中紫色虚线部分作为三维路面,黄色实线部分作为廊道(图 4.2-11)。

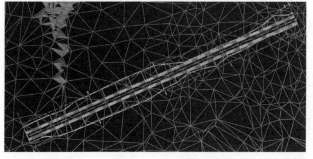

图 4.2-11　廊道模型

4.2.2 新建三维路面

【新建三维路面】工具根据用户定义的桩号范围来定义道路部分的路面横截面外观。一个项目可能包含单个三维路面,也可包含多个三维路面。通常在两个三维路面之间使用过渡段,而不是从一个模板突然切换到另一个模板。

点击【新建三维路面】命令后将弹出【新建三维路面】对话框,与 4.2.1 节中所述的方法二类似,可以在该对话框中完成参数设置后,依次根据光标提示完成操作,结果与 4.2.1 节介绍的内容相同。同一个廊道下创建多个三维路面后,可以看到模型中有多个紫色虚线区间,同一廊道同一位置只允许存在一个三维路面的模板,但可以通过创建不同的廊道实现同一路线同一位置的多个模板,图 4.2-12 所示。

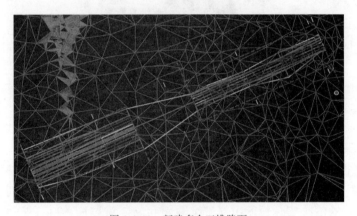

图 4.2-12　新建多个三维路面

廊道创建工具中的三维路面描述有助于管理模型和下游报告。用户可在创建时(在面板上或危险警告提示处)为任何三维路面添加描述。描述包含在廊道对象对话框中,也可从三维路面属性进行访问。对于现有项目,用户可以编辑廊道对象并根据需要添加模板描述。

4.2.3 复制三维路面

复制三维路面是沿同一廊道内的同一基准参考将现有三维路面复制到新定义的桩号范围,可替代创建和修改三维路面。

步骤 1:选择【复制三维路面】工具,光标提示"定位三维路面",选择之前创建的想要复制到不同位置的模板,如图 4.2-13 所示。

图 4.2-13　定位三维路面

步骤 2:输入起点桩号,以图形方式定义起点桩号或在编辑字段中输入值。点击鼠标左键,以接受并移动到下一提示。可通过键入桩号或按 <Alt> 键自动选择起点,按 <Enter> 键来锁定起点桩号,再次按 <Alt> 键可解锁字段,如图 4.2-14 所示。

图 4.2-14 输入起点桩号

步骤 3：输入终点桩号，以图形方式定义终点桩号或在编辑字段中输入值。点击鼠标左键，以接受并移动到下一提示。可通过键入桩号或按 < Alt > 键自动选择起点，按 < Enter > 键锁定起点桩号，如图 4.2-15 所示，模板即复制到新桩号范围。再次按 < Alt > 键可解锁字段。

图 4.2-15 输入终点桩号

4.2.4 过渡段

（1）创建过渡段

【创建横断面过渡段】用于编辑两个三维路面之间的过渡，在不同名称的模板之间创建过渡，因为模板通常不会立即从一个模板更改为另一个模板。此工具通过选择两个与之邻近的三维路面来创建过渡。它不定义如何在三维路面之间过渡，但此操作通过【编辑横断面过渡段】工具完成。如果两个三维路面中的路面间距不相等，则默认使用桩号较低的三维路面的路面间距(可以【在过渡段属性】中对此进行更改)。操作方法如下：

步骤 1：选择【创建横断面过渡段】工具，如图 4.2-16 所示。

图 4.2-16 创建横断面过渡段命令

步骤 2：选择与过渡段相邻的第一个三维路面，这两个三维路面的选择顺序无关紧要，如图 4.2-17 所示。

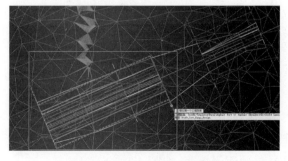

图 4.2-17 选择第一个三维路面

步骤3：选择与过渡段相邻的第二个三维路面,如图4.2-18所示。创建过渡段(并自动处理廊道),如图4.2-19所示。注意,过渡段的绘制方式与三维路面相同,绘制的黄线在过渡段起点左侧和过渡段终点右侧与廊道正交(基于桩号设置)。

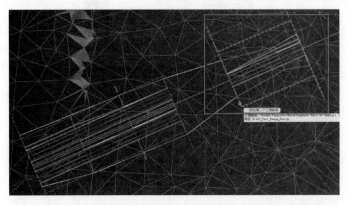

图4.2-18 选择第二个三维路面

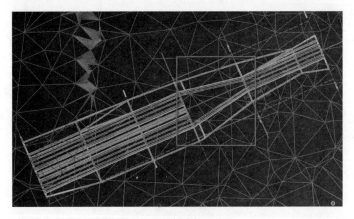

图4.2-19 创建的过渡段

（2）编辑过渡段

【编辑横断面过渡段】用于对创建的过渡段进行逐渐过渡的编辑操作。操作方法如下：

步骤1：如图4.2-20所示,点击【编辑横断面过渡段】命令。根据鼠标提示,定位过渡段,如图4.2-21所示。

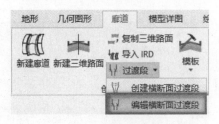

图4.2-20 编辑横断面过渡段

步骤2：选中过渡段后会弹出【编辑过渡段】对话框,如图4.2-22所示。

步骤3：点击【确定】,进入编辑界面,如图4.2-23所示。

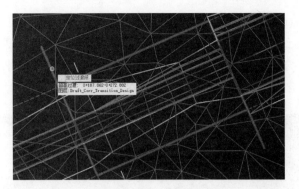

图 4.2-21　定位过渡段

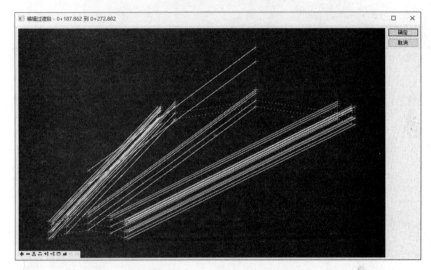

图 4.2-22　编辑过渡段三维展示

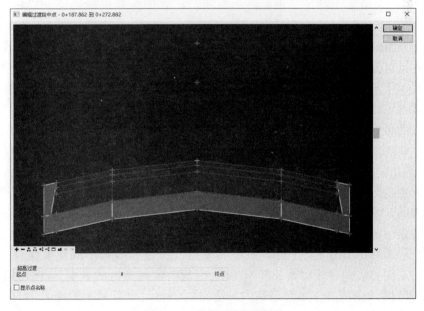

图 4.2-23　编辑过渡段横断面

步骤4：由于过渡段两侧连接的横断面模板的变化点是"EOP_L"和"EOP_R"两点，所以将以上两点的水平和坡度约束删除，即可创建过渡段。对"EOP_R"单击鼠标右键，在弹出菜单中选择【同时删除两项约束】；同理，删除"EOP_L"点的两项约束，如图4.2-24所示。删除约束后，点将显示为✤。

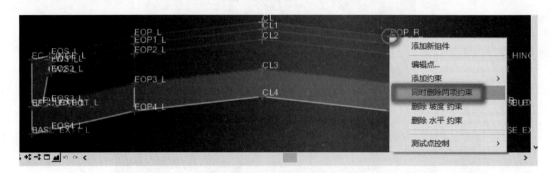

图4.2-24　删除点约束

步骤5：在【超高过渡】中可以拖拽滑块（图4.2-25），以检查过渡段变化点位是否合理。

图4.2-25　过渡段检查

4.2.5　模板

(1) 模板的概念

模板工具用于创建横向几何图形，这是路面设计的核心。模板由一系列点和组件构成，这些点和组件表示路面特征。已处理的路面特征将保存到设计曲面。模板存储在模板库(*.itl)中。模板中的点具有名称和特征样式，模板中的点数没有限制。组件是一组定义开放或闭合形状的点。每个组件(无论是开放还是闭合)均可表示不同的材料或相关区域。组件已命名并具有分配的特征样式。在软件中已创建7种类型的组件：【简单】、【受约束】、【无约束】、【空点】、【末端条件】、【重叠/剥离】和【圆】。

组件通常表示路面结构层的剖面。它是由各类条件定义的闭合的多边形，用于描述断面结构。受约束的组件中所有点都由第一个可移动的点限制。约束点通常用于管理模板中其他点的行为。移动点(父项)时，任何约束点(子项)也会移动。此限制仅影响约束点的偏移和高程，且这种关系是单向的(移动子点，不会移动父点)。无约束的组件是开放或闭合形状，没有移动限制。空点是刻意与任何特定组件无关的模板点，经常用作控制其他点的参考。末端条件是一个特殊的开放形状组件，用于瞄准曲面、曲面特征、高程或路线，可以在创建路面模板时定期测试末端条件的完整性。重叠/剥离组件用于处理所有压碾/剥离类型操作，并且可用于处理调平(重叠)操作。创建之后，可以根据需要修改组件。模板中的点或组件数量没有限制。当模板与平面和纵面路线以及超高配对时，它们将定义廊道的表面。模板是灵活的设计组件，既可用于对简单的构造(如沟渠和人行道)进行建模，也可对更为复杂的具有超高曲线和可变边坡的多车道高速公路进行建模，如图4.2-26所示。

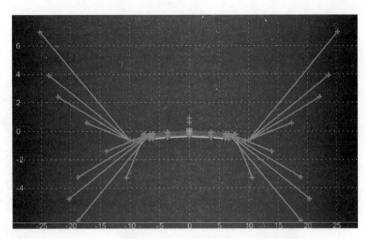

图 4.2-26　横断面模板

点约束用于管理模板中点的行为。使用点约束之后，如果在模板中移动点（无论是通过用户编辑模板移动点，还是通过在设计处理期间应用水平或垂直控制来移动点），则与移动点相关的所有点均会与移动点做同步移动。点约束是二维和单向的约束。二维意味着约束只能影响点偏移和高程（横截面视图中的 x 和 y 坐标）。单向意味着点之间存在子—父关系。换句话说，如果点 B 受点 A 约束，则称点 A 为点 B 的父项，移动点 A 将影响点 B，但是移动点 B 无法影响点 A。如图 4.2-27 所示，蓝色箭头表示从点 A 到点 B 的父—子关系。一个点最多可以有 2 个约束。称有 2 个约束的点为完全约束点。完全约束的点用红色加号表示 ✚。一个部分受约束的点，即只有一个约束的点，显示为黄色加号 ✚。无约束点显示为绿色加号 ✚。

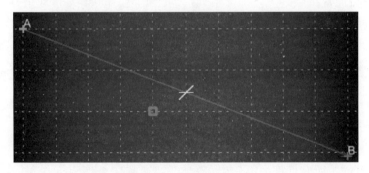

图 4.2-27　点的约束关系

末端条件通常用于表示路面边坡结构形式。通过设置末端条件可以使廊道与地形模型在计算时自动生成填挖方断面，末端条件的实际尺寸需要由外界条件（激活地形、指定的目标等）决定。

（2）新建模板文件夹

单击【创建横断面模板】命令（图标为 创建横断面模板），将弹出【Create Template】对话框。对话框左侧结构树主要分为 Components（组件）、End Conditions（边界条件）、Linear Templates（线模板）、Surface Templates（面模板）、Templates（模板）等几个文件夹，如图 4.2-28 所示。

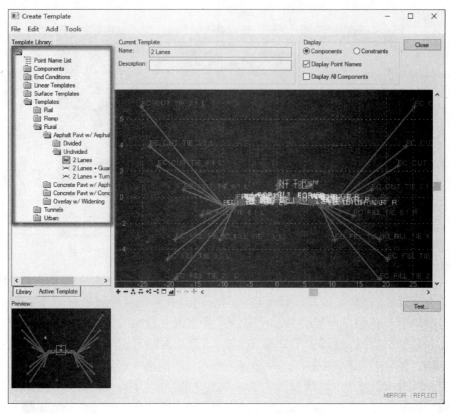

图 4.2-28　创建横断面模板对话框

在创建模板时，通常按照以上几个类别分别创建模板。例如：某市政道路的横断面模板主要由路面结构层（沥青面层、基层、底基层、垫层、路基等）、路缘石、绿化带等构成。因此，建议用户在创建模板元素时将所有结构层分别创建于组件文件夹内以及面模板文件夹内，路缘石等线性构造物创建在线模板文件夹内，绿化带等创建在边界条件文件夹内，最后将以上所有组件和边界条件统一在模板文件夹内进行组装。具体操作为：

步骤1：在根目录下单击鼠标右键，选择右键菜单中的【New】→【Folder】，新建"项目"文件夹，如图 4.2-29 所示。

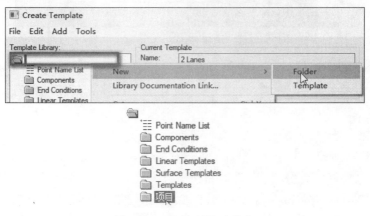

图 4.2-29　新建"项目"文件夹

步骤 2：在项目文件夹下，点击鼠标右键，继续新建 5 个文件夹，分别命名为"组件""边界条件""线模板""面模板""模板"，如图 4.2-30 所示。

图 4.2-30　新建模板文件夹

步骤 3：从路面结构层开始，分别创建沥青面层、基层、路基、道路边坡、路缘石等。选择组件文件夹，单击鼠标右键，选择【New】→【Template】，分别创建"沥青面层""基层"和"路基"三个模板，如图 4.2-31 所示。图中"沥青面层"模板前的图标为红色高亮，表示当前激活的绘制区为沥青面层。

图 4.2-31　新建模板

（3）创建组件模板

在黑色视图区域可以创建任意类型的模板元素。

步骤 1：首先创建组件模板，如道路结构层中的沥青面层。在视图区域单击鼠标右键，选择【Add New Component】→【Simple】以创建简单组件，如图 4.2-32 所示。

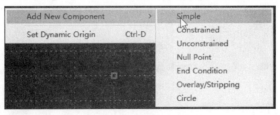

图 4.2-32　组件模板类型

步骤 2：在视图中随光标移动的灰色矩形框就是创建的简单组件，在任意位置单击鼠标左键以定位该组件。在视图中，总能看到粉色空心矩形框▣，该矩形框将作为路线中心线，在横断面模板中用于定位，如图 4.2-33 所示。该组件为默认的带有坡度的实心矩形，其中三点为具有双约束的点，一点为自由点。

图 4.2-33　定位原点

步骤3：为了后期模板总装时方便，需要将该构件移动至粉色空心矩形处。在自由点处单击右键，选择【Change Template Origin】（更改模板原点），组件将移动到"0,0"位置处，该位置为粉色矩形框位置。如果想要更改粉色矩形框的位置，单击鼠标右键，选择【Set Dynamic Origin】（设置动态原点），可以将原点设在任意位置处。

步骤4：沥青面层的组件模板创建完成后还需要给定特征定义，这是在创建廊道后显示材质的关键。双击组件模板，弹出【Component Properties】（组件特征）对话框，在该对话框中，打开【Feature Definition】选项，选择【Mesh/Asphalt/TC_Asph Conc Base Cse】项的特征定义，如图4.2-34所示。该特征定义下，在创建完成廊道后，可以看到沥青面层结构层的显示材质为沥青混凝土材质，且特征定义为上述设置的内容。组件的特征定义以及点的特征定义可以根据使用需要进行自定义，也可以修改系统中的特征定义命名以满足不同的使用习惯。

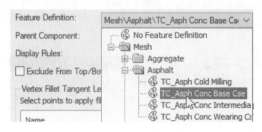

图4.2-34　特征定义类型

步骤5：根据创建沥青面层组件模板的方法，依次创建出基层、路基的组件模板。

（4）创建边界条件模板

与创建组件模板类似，创建边界条件模板同样通过【Create Template】对话框完成。在绘制区域单击鼠标右键，选择【Add New Component】→【End Condition】，如图4.2-35所示。

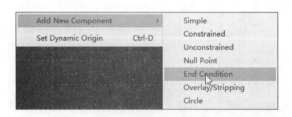

图4.2-35　边界条件选择

在创建边界条件模板时，绘制区下方会显示Current Component（当前组件）的相关参数信息，如图4.2-36所示。其中，【Name】表示新创建的边界条件模板名称；【Feature】表示组件的特征样式，用于显示以及定义组件的材质；【Target Type】表示末端条件将查找的特征类型，如地形模型、高程等；【Priority】表示优先级，它确定末端条件尝试求解的顺序，先尝试较小的数字，如果有多个末端条件从同一点开始，则使用此值；【Benching Count】表示工作台计数，可以理解为相同要求的多级放坡。如果此值为0，则没有多级放坡，边坡末端条件将无限延长直至与指定激活地形模型相交为止；如果此值大于0，则将生成多级边坡，若多级重复边坡末端仍未与指定激活地形模型相交，则末端条件将继续延长，直至与指定激活地形模型相交为止。

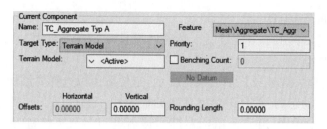

图 4.2-36 组件信息显示

(5)模板的组装

为了规范模板的创建与编辑,通常情况下可以将组件模板与边界条件模板分别创建完成后,通过总装的方式创建出道路横断面模板。在【Create Template】对话框的左下角,会显示选择的模板预览图,在预览图中按住鼠标左键拖拽到绘图区,即可完成组件模板与边界条件模板的总装。

总装结束后,按<Ctrl+S>键保存创建的横断面模板。

4.3 编 辑 廊 道

4.3.1 编辑三维路面

【编辑三维路面】工具显示在选定三维路面内定义的模板。尽管该对话框为模板库界面,但仅对三维路面内的模板(而不是实际的模板库)进行编辑。因此,如果已进行任何更改,则与三维路面关联的模板将不再与模板库同步。对于个别项目的特定情况,可能需要这样做。除了【文件】工具不可用以外,【编辑三维路面】内的工具和选项与模板库中的工具和选项完全相同。如果模板库中需要更改,则使用【创建模板】工具,打开模板库文件,找到对应的模板进行编辑。

当编辑修改模板库中的文件后,要更新与三维路面关联的模板以匹配模板库中的模板,请使用【与库同步】工具。使用此工具时,模板库中的模板将覆盖与三维路面关联的模板,因此所有更改均会丢失且会发出警告,以告知是否要替换库中的模板。

4.3.2 编辑

(1)【创建末端条件异常】工具

【创建末端条件异常】工具用于修改末端条件求解的行为,而无须使用【编辑三维路面】功能。在许多情况下,需要使道路的主结构保持不变,只更改新设计与目标相交的条件。执行此操作的方法之一是:用相同的主结构组件和新的或不同的末端条件组件创建新模板;然后,将这个新模板放在相应的桩号。这种方法的问题在于:必须解决创建的不同模板之间的转换问题;设计左右两侧的条件可能在不同的位置发生变化,可能需要大量略有不同的模板来满足所有可能的组合(还需要很多三维路面)。这一问题的解决方法是使用【创建末端条件异常】工具。【创建末端条件异常】工具用于修改末端条件解的行为,而无须使用其他三维路面。添加末端条件异常时,必须对其进行编辑以适应特殊情况的处理。

(2)【创建关键桩号】工具

【创建关键桩号】工具用于当项目发生特殊情况且需要在处理中加入不与模板间隔重合的桩号时添加相应桩号。

步骤1:选择【创建关键桩号】工具,根据提示,定位廊道以选择要添加桩号的廊道。

步骤2:显示一条动态的、垂直于参考基线的显示线。通过以下方式定义关键桩号:将显示内容动态移至所需的位置(并点击鼠标左键);或者通过键入关键桩号,在按住<Enter>键的同时点击鼠标左键接受。关键桩号将添加到关键桩号列表,廊道会自动重新处理以包括新桩号。

4.3.3 廊道对象

【廊道对象】对话框给出所有廊道建模对象的摘要,提供方便的数据管理手段。选择创建好的廊道,选择【廊道对象】命令,将弹出【廊道对象】对话框,如图4.3-1所示。单击位于对话框左侧的各种类别,将显示中心剖面中的相应数据。单击任意显示中的数据条,相应信息会在对话框右侧显示,此处可以编辑大多数信息。仅在已选择起点或终点桩号时,才能执行图形编辑。

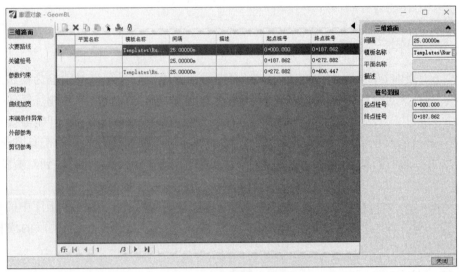

图4.3-1 廊道对象对话框

4.3.4 更新廊道

选择处理后的廊道,被选中的廊道中所有对象均会被更新。

第5章 土木单元

5.1 土木单元概述

土木单元是几何图形、模板和地形模型等土木元素的集合,可以在设计中重复放置。土木元素的集合是相对于一个或多个参考元素创建的。放置土木单元时,需要选择新的参考元素,之后即可相对于这些元素创建新的土木元素集合。因此,可将土木单元视为原始土木元素集合相对于新参考元素几何图形的副本。土木单元可以是二维单元,也可以是三维单元。它们可以仅包含二维(平面)元素或三维元素(具有纵断面的二维元素),也可以包括地形、线性模板、区域模板和简单廊道。

创建新的土木元素时,还会同时创建与之关联的所有规则。这意味着,新土木元素会保留彼此间关系以及与参考元素之间的关系,因此,它们知道在这些关系更改时如何做出反应。此外,仍可对新的土木元素使用土木和MicroStation工具集,以根据需要调整和进一步细化设计,因为通过土木工具创建的土木元素与通过放置土木单元创建的土木元素之间没有区别。

使用土木单元可以节省大量的时间和精力,因为它们可以复制在创建土木元素时所需的全套步骤。使用土木单元有助于确保符合设计标准。

土木单元可用于重新创建任何明确定义的土木元素集合。土木单元的常见使用示例包括:交通岛和行人安全岛、车道和通道、交通稳静化功能、路侧停车带、交点、多头转塔/庭院圆形凹陷部分、合并和分散坡道、建筑地坪、环形交通枢纽。

5.2 土木单元工具

【土木单元】组共有四个工具,包括【放置土木单元】、【创建土木单元】、【处理土木单元】、【移除土木单元】,如图5.2-1所示,各工具的功能见表5.2-1。

图5.2-1 【土木单元】工具组

【土木单元】工具的功能   表5.2-1

图标	工具	描述
	放置土木单元	激活浏览器以选择要放置的土木单元。可以从激活DGN的图形或浏览器(提供来自当前DGN中所有设计模型的可用土木单元的示意图预览)中选择土木单元,或者通过当前定义的配置选择土木单元

续上表

图标	工具	描述
	创建土木单元	激活命令,提示为新的土木单元命名并选择参考元素。将标识并高亮显示相对应的元素以供创建
	处理土木单元	重新处理所有线性模板和所选土木单元的模板。如果激活地形已更改或需要更新参考文件,可能需要执行此操作
	移除土木单元	激活【打散】命令并锁定土木单元。 标准 MicroStation【打散】命令适用于土木单元,但取决于模型中的元素优先级,可能需要循环元素才能选择土木单元

5.3 土木单元和特征定义

在 DGN 文件中使用的土木单元名称必须唯一,并且遵循与土木特征相同的增量命名。土木单元为其内部的所有几何图形特征和土木对象(线性模板、区域模板和廊道)提供了一个容器。

作为唯一的容器 ID,土木单元保留其内部的特征定义和特征名称,并将相同的名称转发给每个新实例。在土木单元的每个新实例中,生成的新特征保持不变,因为土木单元名称会保持内部全部对象的标识唯一。

例如,名为"Approach"的平面几何图形可以位于当前设计模型以及任意数量的土木单元(如名为 Type 1、Type 2 和 Type 3 的土木单元)中。在此示例中,尽管同一特征具有 4 个实例,但它们全部可唯一标识,因为其他实例所在的土木单元的名称可确保所有实例均唯一。删除这些单元时,其包含的特征和对象会根据标准重命名增量进行重命名,并采用下一个可用名称。

5.4 创建土木单元

从根本上说,土木单元是指用于创建新元素的规则集合。因此,规则的构建应当始终采用一种有助于在放置土木单元时正确予以评估的方式。

5.4.1 使用 DGNLib 创建不同种类土木单元

如果需要在不同设计中重用土木单元,则在 DGNLib 中创建土木单元,然后将其放在 MicroStation 启动时会读取的位置,这可确保土木单元始终可用。

如果打算创建大量的土木单元,则有必要组织它们,以便每种类型都有一个 DGNLib,例如,一个用于接头,另一个用于坡道。这样做的原因之一是有助于更轻松地导航到土木单元,因为初始选择以类型为依据。另外,将每个土木单元放入适当命名的 MicroStation 模型中也是可取的。

如果已在 DGN 中创建一些希望能够在 DGNLib 中共享的土木单元,则可以按照以下过程操作:

①在 DGN 中创建土木单元。
②打开要包含土木单元的 DGNLib。
③参考包含 DGNLib 中土木单元的 DGN。
④在 DGNLib 中创建元素以用作参考元素。
⑤使用【放置土木单元】工具将土木单元放置在这些参考元素上。
DGNLib 现在将包含土木单元且可根据需要共享。

5.4.2 创建单一土木单元

考虑土木单元真正需要包含的内容,并仅包括最少的内容。例如,如果要为接头创建土木单元,则很可能只需要包含一个参考元素以表示主干道的道路边缘。它不应包括道路的任何廊道或其他元素(因为它们不属于接头),这样可避免额外的处理。不能删除土木单元中互相之间具有土木规则的元素。因此,一旦放置了土木单元,就不能删除任何土木元素。同样,如果路面横断面结构形式经常变化,则在放置土木单元之后应用相应的横断面模板对相应结构层进行建模,可能比删除表面模板并应用不同的模板更容易。如果构造深度十分标准,则应用土木单元中的表面模板可能是最有效的方法。

不同结构形式的土木单元的创建方式不尽相同,下面介绍如何创建十字交叉形路口土木单元。

步骤1:创建参考元素。在绘图区创建两条无任何捕捉关系的任意直线。线性的特征定义可选择 Draft_DNC,方便后续土木单元创建过程中隐藏参考线(图 5.4-1)。

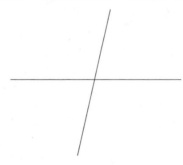

图 5.4-1 创建参考元素

步骤2:绘制路口范围。利用直线功能绘制出路口大致范围,使路口更为直观地展现在绘图窗口(图 5.4-2)。

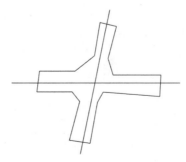

图 5.4-2 绘制路口大致范围

步骤3：使用【局部路段等距偏移】功能将路口线形偏移出来,具有相关关系的参考线段不能删除,否则将导致土木单元创建不成功。

这里主要应用【局部路段等距偏移】功能,偏移出十字路口左右两侧的道路边线,如图5.4-3所示,在偏移过程中给定相关特征定义,便于后续相关操作。

图5.4-3 局部路段等距偏移

点击【局部路段等距偏移】后,弹出【局部路段等距偏移】对话框,如图5.4-4所示。需要事先设置好偏移距离、偏移长度以及特征定义。注意:将【偏移】距离设置成"-1",以便确认是否已偏出路口中心线;锁定【长度】;设置【特征定义】,方便分辨线形式。完成路口第一个道路中心线的偏移,如图5.4-5所示。

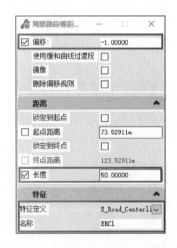

图5.4-4 【局部路段等距偏移】对话框

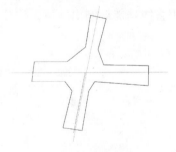

图5.4-5 路口中心线偏移

接下来完成剩余三条路口中心线的偏移。此处应注意,路口的不同方向中心线须分开进行偏移,如图5.4-6所示。

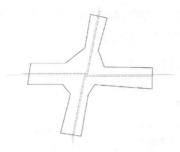

图 5.4-6　路口中心线偏移

偏移完成后,接下来需要将从路口偏离出的四条路口中心线的偏移距离由"1"变为"0",使偏移的路口中心线和参考线完全重合,如图 5.4-7 所示,为后续偏移道路边线做准备。

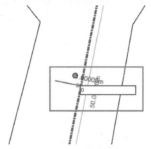

图 5.4-7　路口偏移距离

步骤 4:使用【整路段等距偏移】功能偏移出道路边线。使用该功能可以使偏移出的路线复制偏移线的属性。

点击【整路段等距偏移】功能,设定好偏移距离(这里的距离为道路横断面单侧的横向距离),如图 5.4-8 所示,并给定偏移路线的特征定义。

图 5.4-8　整路段等距偏移

点选路口中心线进行偏移,相互参照关系不可变动,陆续将路口的四个方向的八条道路边线偏移出来,如图 5.4-9 所示。

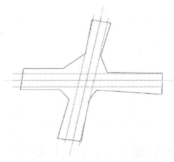

图 5.4-9　道路边线偏移

步骤5：使用插入简单切向圆弧功能，绘制出道路路口转角，并设置相应转角半径，剪切两条相邻的道路边线，道路边线过渡更为圆滑，如图5.4-10所示。

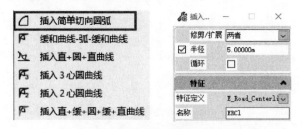

图5.4-10 插入简单切向圆弧工具

点选相邻两条道路边线，插入已设定好转角半径的弧，如图5.4-11所示。按同样方法完成其他三个转角的操作。

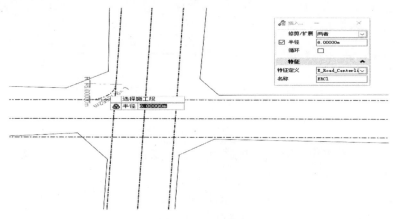

图5.4-11 插入圆角

步骤6：利用直线功能将路口封闭。注意，捕捉模式一定要选择关键点捕捉模式，使路口完全封闭，形成闭合的一个路口，如图5.4-12所示。

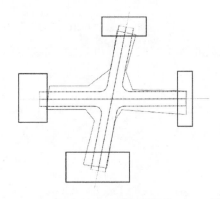

图5.4-12 路口封闭

步骤7：拖拽参考线，检查刚刚创建的十字形路口是否成功。即改变参考线的方位，检查十字路口各线段之间的否具有约束功能，如图5.4-13所示。

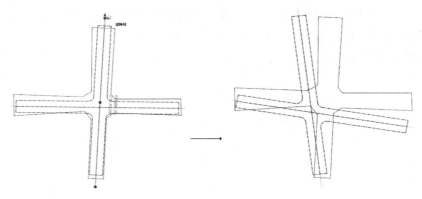

图 5.4-13　路口约束变化

步骤 1～步骤 7 都是通过绘制二维线形进行操作,接下来给定二维线形的三维高程属性信息。

步骤 8:定义高程属性。通过【固定高程纵断面】功能,给定参考线相应的高程属性信息,如图 5.4-14 所示。

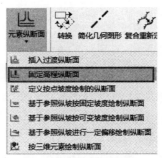

图 5.4-14　点击【固定高程纵断面】

点击【固定高程纵断面】功能,输入单一高程数值,点选参考线,完成高程给定,如图 5.4-15 所示。

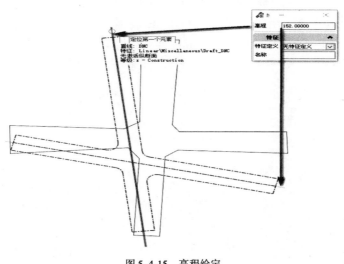

图 5.4-15　高程给定

给定高程属性信息后,在空白处单击右键并长按,将视图调整到3D界面视图,给定高程的参考线出现在右侧3D视图中,如图5.4-16所示。

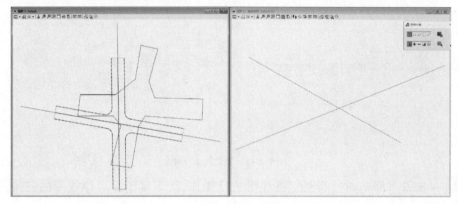

图5.4-16　3D界面视图

步骤9:利用【纵断面投影至其他剖面】功能,将原纵断面显示在目标元素的纵断面空间中,如图5.4-17所示。

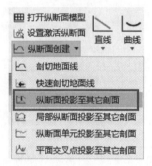

图5.4-17　纵断面投影至其他剖面

首先,点选【选择元素投影】,即点选具有高程属性信息的参考线。其次,点选【选择平面元素投影】,即点选不具有高程属性信息的、通过参考线偏移出的道路中心线,如图5.4-18所示。从图中可以看出,通过使用该功能,道路中心线将具有高程属性信息,并出现在3D视图中,如图5.4-19所示。按照同样的操作,完成另外三条道路中线的创建。

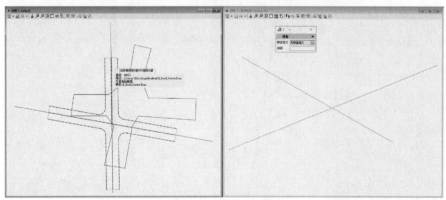

图5.4-18　点选参考线

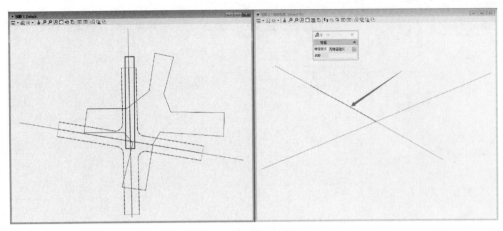

图 5.4-19　选择道路中线

步骤 10：利用【基于参照纵坡按固定坡度绘制纵断面】功能，通过偏移出的具有高程属性的道路中心线，在输入纵坡值后偏离出道路边线，如图 5.4-20 所示。

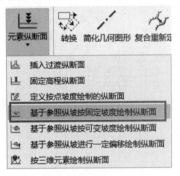

图 5.4-20　基于参照纵坡按固定坡度绘制纵断面

首先点选【定义纵断面】，即点选不具有高程属性信息的、通过道路中线偏移出的道路边线，如图 5.4-21 所示。接下来，点选【定位参考元素】，即通过参考线偏移出的、具有高程属性信息的道路中心线，如图 5.4-22 所示。输入相关坡度等其他参数后，点击【确定】，完成操作。

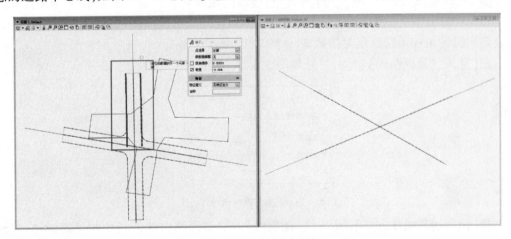

图 5.4-21　点选道路边线

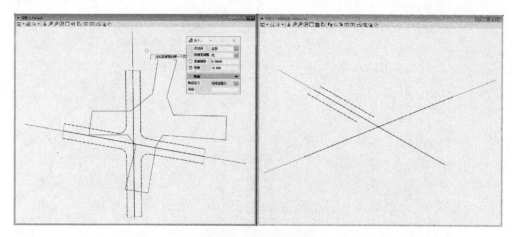

图 5.4-22 点选道路中线

按照同样的步骤,完成另外六条道路边线的创建,如图 5.4-23 所示。

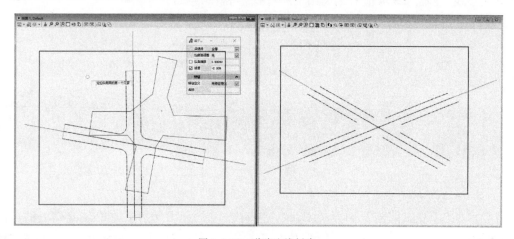

图 5.4-23 道路边线创建

步骤 11:使用【插入过渡纵断面】工具,通过匹配相邻元素的坡度和高程来定义元素的纵断面。根据相邻元素的配置,创建单个凸曲线、凹曲线或自由反向曲线连接。利用此功能,可以将道路边线转角和道路路口封边放置于 3D 视图中。

点击【插入过渡纵断面】功能,打开如图 5.4-24 的对话框。

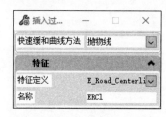

图 5.4-24 插入过渡纵断面弹出框

选择【快速缓和曲线方法】为【直线/抛物线】。点选道路边线的转角与道路封边,完成操作,如图 5.4-25 所示。

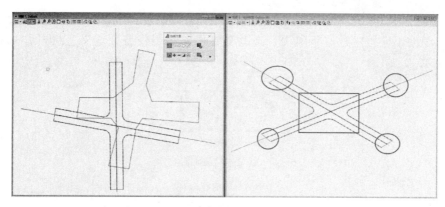

图 5.4-25　插入过渡段

步骤 12：通过三维图形元素创建地形模型，通过点选封闭的道路路口，使路口以一个地形模型的形式存在，点击【从元素】创建命令，如图 5.4-26 所示。

图 5.4-26　从元素创建

选择特征类型与边界方法：【特征类型】为【边界】，【边界方法】为【无】。键入特征定义，如图 5.4-27 所示。

图 5.4-27　从元素创建对话框

依次点选道路边线、转角以及道路封口，完成操作，并生成地形模型，如图 5.4-28 所示。

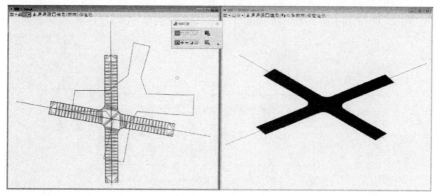

图 5.4-28　生成地形模型

从图 5.4-28 中可以看出，地形三角网格不正确。在投影边线的过程中，设置了坡度为 -2%，故三角网不应该穿过道路中线。这里需要添加断裂线特征定义，点击【添加特征】，如图 5.4-29 所示。

图 5.4-29　添加特征

选择刚刚创建的路口，然后点击四条道路中心线，在道路中心处添加断裂线特征定义，完成操作，如图 5.4-30 所示。

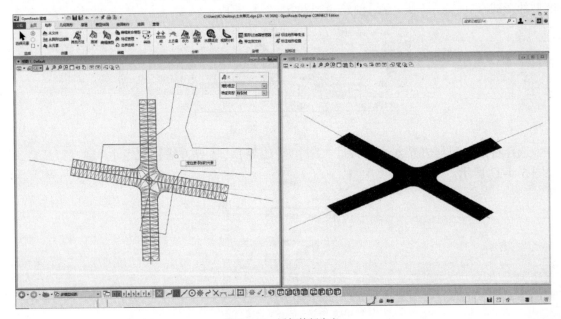

图 5.4-30　添加特征定义

步骤 13：添加模板功能。通过【添加模板】功能，添加面模板与线模板功能于土木单元中，如图 5.4-31 ~ 图 5.4-34 所示。

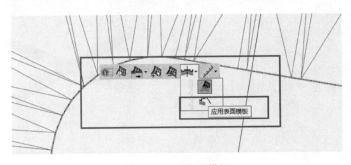

图 5.4-31　添加面模板

第 5 章 土木单元

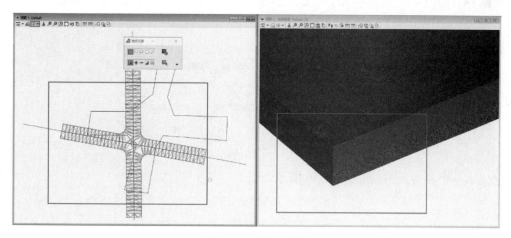

图 5.4-32 添加面模板

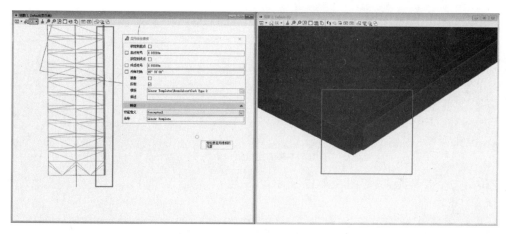

图 5.4-33 添加线模板

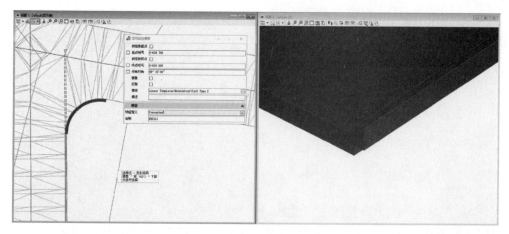

图 5.4-34 转弯处添加线模板

步骤14：使用【创建土木单元】功能，定义参考元素，点选创建的两个参考线段，如图5.4-35所示。

图5.4-35 【创建土木单元】功能

定位第一个参考元素，如图5.4-36所示。

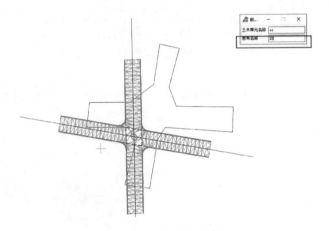

图5.4-36 定位第一个参考

定位第二个参考元素，如图5.4-37所示。

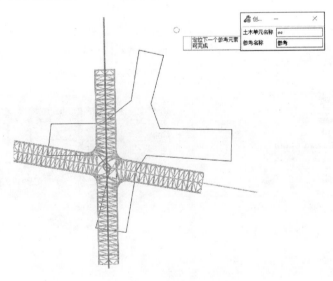

图5.4-37 定位第二个参考

当创建的道路路口全部高亮显示后，完成土木单元的创建，如图5.4-38所示。

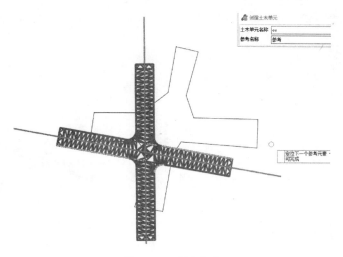

图 5.4-38 创建完成

步骤 15：放置创建完成的土木单元。在空白处绘制任意两条线，假设为两条道路的道路中心线，如图 5.4-39 所示。

图 5.4-39 放置土木单元

点击【放置土木单元】，并选择刚刚创建好的十字形土木单元，如图 5.4-40 所示。

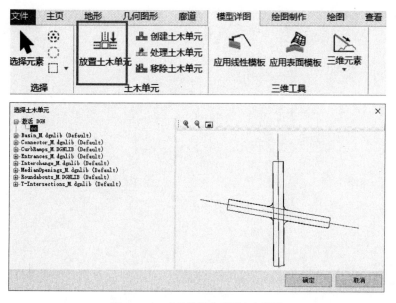

图 5.4-40 点选放置十字形土木单元

点选第一个参考与第二个参考,放置新创建的土木单元,如图 5.4-41 所示。

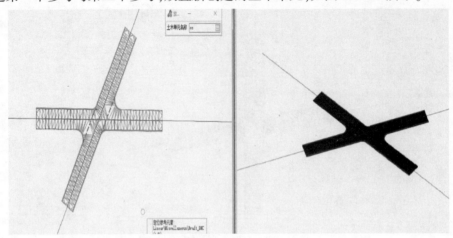

图 5.4-41　完成土木单元的放置